U0226947

路地蔬菜

优质高效安全栽培技术

徐爱兰 编著

兰州大学出版社
LANZHOU UNIVERSITY PRESS

图书在版编目（CIP）数据

露地蔬菜优质高效安全栽培技术 / 徐爱兰编著. --
兰州：兰州大学出版社，2018.5（2020.10重印）
ISBN 978-7-311-05111-2

Ⅰ. ①露… Ⅱ. ①徐… Ⅲ. ①蔬菜－大田栽培 Ⅳ.
①S63

中国版本图书馆CIP数据核字(2018)第127151号

策划编辑　宋　婷
责任编辑　郝可伟　宋　婷
封面设计　郇　海

书　　名　**露地蔬菜优质高效安全栽培技术**
作　　者　徐爱兰　编著
出版发行　兰州大学出版社　（地址：兰州市天水南路222号　730000）
电　　话　0931-8912613(总编办公室)　0931-8617156(营销中心)
　　　　　0931-8914298(读者服务部)
网　　址　http://press.lzu.edu.cn
电子信箱　press@lzu.edu.cn
印　　刷　兰州银声印务有限公司
开　　本　710 mm×1020 mm　1/16
印　　张　18
字　　数　247千
版　　次　2018年5月第1版
印　　次　2020年10月第4次印刷
书　　号　ISBN 978-7-311-05111-2
定　　价　39.00元

前　言

　　蔬菜质量安全关系到人民群众的身体健康和生命安全，关系到经济发展和社会稳定。随着人民生活水平的日益提高，人们对蔬菜质量安全要求越来越高。党中央、国务院历来把保护人民群众身体健康和生命安全放在第一的重要位置，十分重视蔬菜质量安全工作，把全面提高蔬菜质量安全水平作为一项全局性的战略任务。大力提倡蔬菜优质高效安全生产，积极推进蔬菜标准化，从源头上保障蔬菜质量安全，满足城乡居民需求，增强蔬菜市场竞争力，促进农业产业化结构调整，提高农业综合经济效益，改善农业生态环境，促进农业可持续发展，对于实现农业增效、农民增收、农产品竞争力增强的目标具有十分重大的意义。

　　秦州区把蔬菜作为全区五大主导产业之一，根据"运作市场化、基地特色化、生产标准化、产品品牌化、销售网格化"的要求，通过政府引导，采取统一规划、统一管理的现代化农业发展模式，经过土地流转，吸引了一批农民专业合作社、家庭农场、种植大户，积极实施"西菜南移"战略，大力发展露地蔬菜、设施蔬菜和高原夏菜，积极贯彻落实《农产品质量安全法》，加强农产品质量安全监管，以生产"新鲜、优质、安全、放心"蔬菜产品为发展目标。

　　为大力培育新型职业农民，提升农民的创业能力和职业技能，提高培训质量和服务农民的能力，根据农业部新型职业农民培育的有关精神和农业部发布的《新型职业农民培训规范》的有关要求，在秦州区农业局的大力支持下，编者编写了《露地蔬菜优质高效安全栽培技术》。

本书为方便学习和阅读，以满足农民学习需求为目的，重点介绍了蔬菜质量安全知识、蔬菜生产基础知识、蔬菜生产基本技术、露地主要蔬菜优质高效安全栽培技术、蔬菜标准化与产品认证、无公害蔬菜标准化生产和有机蔬菜标准化生产等七个方面。把蔬菜质量安全摆在首要位置，提醒职业农民必须以质量为重，必须为公众提供安全、优质的蔬菜产品。蔬菜生产基本技术和露地主要蔬菜优质高效安全栽培技术重点介绍了适合秦州区种植蔬菜对环境条件的要求、类型和品种、栽培季节与茬口安排、栽培技术和病虫害防治等内容，力图满足家庭农场主、种植大户、合作社等新型经营主体的学习需求。

在本书编写过程中，得到了许多同行的关心和大力支持，引用了诸多专家和同行的研究成果及相关书刊的资料，谨在此致以诚挚的感谢。

由于编者的水平和掌握资料有限，加之时间仓促，书中疏漏和不妥之处在所难免，敬请同行和广大读者批评指正。

编者

2018 年 3 月

目　录

第一章　蔬菜质量安全知识
　　第一节　蔬菜产品质量安全 …………………………………（1）
　　第二节　蔬菜产品产地安全 …………………………………（5）
第二章　蔬菜生产基础知识
　　第一节　蔬菜的分类 …………………………………………（7）
　　第二节　蔬菜的生长发育 ……………………………………（8）
　　第三节　蔬菜生产的环境条件及其控制 ……………………（12）
　　第四节　蔬菜品质及其调控措施 ……………………………（20）
第三章　蔬菜生产基本技术
　　第一节　蔬菜种子识别 ………………………………………（23）
　　第二节　蔬菜种子播前处理及播种 …………………………（25）
　　第三节　蔬菜育苗 ……………………………………………（28）
　　第四节　蔬菜定植 ……………………………………………（39）
　　第五节　蔬菜田间管理 ………………………………………（41）
第四章　露地主要蔬菜高效优质安全栽培技术
　　第一节　白菜类蔬菜 …………………………………………（52）
　　第二节　茄果类蔬菜 …………………………………………（82）
　　第三节　瓜类蔬菜 ……………………………………………（112）
　　第四节　豆类蔬菜 ……………………………………………（136）
　　第五节　根菜类蔬菜 …………………………………………（149）
　　第六节　葱蒜类蔬菜 …………………………………………（167）

第七节　绿叶菜类蔬菜 …………………………………… （192）

第八节　其他类蔬菜 ……………………………………… （216）

第五章　蔬菜标准化与产品认证

第一节　蔬菜标准化 ……………………………………… （241）

第二节　农产品质量安全认证 …………………………… （241）

第三节　无公害蔬菜与无公害农产品认证 ……………… （243）

第四节　绿色蔬菜与绿色食品认证 ……………………… （244）

第五节　有机蔬菜与有机产品认证 ……………………… （245）

第六节　农产品地理标志登记保护 ……………………… （246）

第六章　无公害蔬菜标准化生产

第一节　无公害蔬菜环境质量标准 ……………………… （248）

第二节　无公害蔬菜生产的技术规范 …………………… （249）

第三节　无公害蔬菜产品安全质量标准 ………………… （252）

第七章　有机蔬菜生产基础知识及质量管理

第一节　有机蔬菜的生产要求 …………………………… （254）

第二节　有机蔬菜产品的采收与采后处理 ……………… （267）

附表 1　无公害蔬菜常用农药使用要求 ………………… （273）

附表 2　无公害蔬菜生产上严禁使用的农药 …………… （277）

附表 3　无公害蔬菜农药最大残留限量 ………………… （278）

参考文献 …………………………………………………… （280）

第一章 蔬菜质量安全知识

"十二五"末，我国蔬菜种植面积已超过 2000 万公顷，年产量超过 7 亿吨，人均占有量为 500 多千克，蔬菜已从副食品成为城乡居民生活必不可少的重要食品，成为我国第一大农产品。民以食为天，食以菜为先。随着经济发展和人类生活水平的不断提高，社会各界对食品安全的关注度也日益提高，追求"舌尖上的安全"成为国人乃至世界人民的迫切愿望。近年来，我国农产品质量安全水平不断提升，但安全隐患仍然存在，在一些地区、一些品种中还比较突出。保证公众吃饱、吃好、吃得安全放心是最基本的民生问题，是小康生活应有之义。因此，需要农产品生产者、经营者、农业工作者和政府管理部门共同努力，才能确保人民群众的身体健康，才能实现农民增收和现代农业的快速发展。

第一节 蔬菜产品质量安全

一、农产品质量安全的概念

(一)农产品的概念

农产品是指来源于农业的初级产品，即在农业活动中获得的植物、动物、微生物及其产品。植物产品包括蔬菜、干鲜果品、谷物等。动物产品包括肉、蛋、生鲜奶、蜂蜜、鱼、虾、贝等。微生物产品包括菌类产品等，如木耳、香菇、平菇等都是微生物产品。

(二)农产品质量安全的概念

农产品质量安全是指农产品质量符合保障人的健康、安全的要求。广义的农产品质量安全还包括满足贮运、加工、消费、出口等方面的需求。从这个角度看，大家常说的农产品质量安全不仅仅指生产过程中的安全，还包含了"从农田到餐桌"全程质量控制等方面。

(三)农产品质量安全水平的概念

农产品质量安全水平指农产品符合规定的标准或要求的程度。一般来说，农产品质量安全水平是一个国家或地区经济社会发展水平的重要标志之一。我国党和政府高度重视农产品质量安全，把确保农产品质量安全作为农业转方式、调结构的关键环节，确保农产品生产过程的安全，修订了《食品安全法》，实施了一系列最严格的监管制度，不断加强农产品的全程质量控制。2001年农业部实施"无公害食品行动计划"以来，各级农业部门大力推进农业标准化和农业标准化生产基地建设，打造农产品知名品牌，从源头上保障农产品质量安全。同时加强监管，健全从农田到餐桌的农产品质量安全全过程监管体系。实践证明，只有农产品生产经营者自觉履行法律义务，坚守职业底线，才能不断提升农产品质量安全水平，才能让公众吃饱、吃好、吃得安心放心。

二、蔬菜质量安全的概念

蔬菜质量安全是指蔬菜产品的营养含量及成分符合国家标准，且不存在任何对人体造成急性、亚急性或者慢性危害和危及消费者及其后代体质健康的有毒物质。蔬菜绝大部分鲜食，具有易腐烂的生物特性，作为原产品或者初加工产品在消费或生产中存在着化学、物理和微生物安全风险，是产生食源性疾病的主要源头之一。

三、蔬菜质量安全潜在风险及来源

农业生产是一个开放的系统，蔬菜产品从"田头到餐桌"需要经过一个较长的链条，其中包含了农业投入品的供给，蔬菜产品的生产、加工、贮藏、运输、包装、流通、销售等环节，在这一过程的任何环节受到污染，都会造成蔬菜产品的不安全。

(一)蔬菜质量安全风险来源

1.物理性污染

物理性污染是指由物理性因素对农产品质量安全产生的危害。如因人工或机械等因素在农产品中混入杂质或农产品因辐照导致放射性污染等。

2.化学性污染

化学性污染是指在农产品生产、初加工、贮藏、运输等过程中因环境因素或使用化学合成物质对农产品质量安全产生的危害。如农田土壤、农业灌溉用水受污染，使用农药导致的残留等。如海南"毒豇豆"事件。

3.生物性污染

生物性污染是指自然界中各类生物性污染对农产品质量安全产生的危害。如致病性细菌、病毒以及某些毒素等。如 2013 年 8 月新西兰乳业巨头恒天然乳清蛋白粉肉毒杆菌污染事件。

(二)蔬菜生产环节可能产生的不安全因素

1.环境因素

环境因素主要包括土壤、农业用水和大气质量等方面。蔬菜产品受到环境中有毒有害物质的污染，包括各种有毒的金属、非金属、有机化合物和无机化合物对蔬菜产品造成的污染，这些污染物常以百万分之几，甚至十亿分之几的计量残留于蔬菜产品中，虽然含量微小，但许多研究表明，很多化学性污染物对人体都有毒，能引起人体的急性中毒或慢性中毒。如工业"三废"和生活污物的排放，使水、土壤和空气等自然环境受到污染，动物和植物长期生活在这种环境中，这些有毒物质就会在体内蓄积，成为被污染的蔬菜产品。

2.农业投入品

农业投入品包括各种农业生产资料，如化肥、农药、种子等。目前，各种投入品，特别是农药的不合理使用，是影响蔬菜产品安全的最主要因素。我国农药的生产、管理所存在的主要问题有：农药产品结构不合理，剂型不配套，农药产品质量差，农药名称和包装不规范等及田间作业、收获方法、使用机械、初级包装等方面造成的蔬菜产品污染等。

(三)蔬菜加工环节可能产生的不安全因素

蔬菜初加工时因清洗不彻底造成病菌生长，有些病菌也会给人类带来危害，或在腌菜、酱菜中引起芽孢杆菌食物中毒。包装阶段，蔬菜会受到包装材料中有害化学物的污染，如聚氯乙烯塑料就是有毒的，用其包装的蔬菜会被有毒物质污染。另外，蔬菜产品加工中，添加剂的使用不当，也会对蔬菜产品造成污染。在蔬菜加工过程中，添加一定限量的添加剂对人体是安全的，国家标准、行业标准中对添加剂的使用量做了明确的规定。但长期（或超量）使用添加剂会致癌，产生遗传毒性在人体内的残留，破坏新陈代谢等。

(四)蔬菜流通环节可能产生的不安全因素

蔬菜从最初的单个农户生产到产地批发市场收购，从产地批发市场到需求地批发市场，从需求批发市场再到零售店铺，中间经历了多层环节，这些环节之间的关系也是随机的、松散的，经常是不断变更着不同的供应商和分销商。如果发现蔬菜质量出现农药超标等问题，很难找到问题的源头。蔬菜流通环节缺少冷藏和湿度调节等设备，批发市场也是露天保存，产地简单地整理、包装，销售时再进行清洗、加工整理，在整个流通过程中会产生大量的损耗，而且由于市场的原因，还可能造成蔬菜轻度腐烂，影响蔬菜的卫生安全，给人民健康带来隐患。

四、蔬菜生产经营者的基本义务和法律责任

现代社会公民的权利和自由都要受到法律的制约和保护，蔬菜生产经营者必须增强法律意识。在蔬菜生产销售过程中要严格遵守《中华人民共和国农产品质量安全法》等有关法律、行政法规和规定，在生产销售过程中对于保证农产品质量安全负有基本义务。应当禁止在农产品生产过程中使用国家明令禁止使用的农业投入品，严格执行农业投入品使用安全间隔期或者休药期的规定，防止危及农产品质量安全。应当自行或者委托检测机构对农产品质量安全状况进行检测，经检测不符合农产品质量安全标准的农产品，不销售。

第二节 蔬菜产品产地安全

一、农产品产地安全的概念

(一)农产品产地

农产品产地是指植物、动物、微生物及其产品生产的相关区域。蔬菜生产的安全性与产地环境条件密切相关，良好的产地环境是实现蔬菜安全生产的前提条件。

(二)蔬菜产地安全

农产品产地安全是指农产品产地的土壤、水体和大气环境质量等符合生产质量安全的农产品要求。通常所说的农业环境包括农业用地、用水、大气、生物等，是人类赖以生存的自然环境中的一个重要组成部分。蔬菜产地要远离废气，风口方无工业废气污染源，空气清新洁净。灌溉水源清洁，稳定达到农业用水标准，灌排渠道远离工业废弃物、生活垃圾等有毒有害物质。用地土壤肥沃，有机质含量高，矿物质元素在正常范围以内，无重金属、农药、化肥、有害生物等污染。

二、蔬菜产地可能存在的不安全因素

(一)工业废弃物与城乡生活污水、垃圾

近年来，尽管我国政府加大了对工业废弃物与城镇生活污水及垃圾、矿山尾矿、废水排放的治理力度，但这些污染物的排放对农业环境的影响依然存在，特别是工业废弃物及城镇生活污水、垃圾的随意排放，已成为农业环境污染最重要的原因。

(二)农药污染

农药对环境污染主要来自田间喷施农药和农药厂的"三废"排放。不合理使用农药可能对农业环境中的农田土壤、农业用水和农田大气造成污染，特别是高毒、高残留的农药，已成为农村地表水污染的主要污染物。农药用得好，可以防治病虫害，提高农产品产量；用得不好，残留超标，影响农产品质量安全，危害生态安全。

(三)肥料污染

施用肥料能提高土壤地力和改良土壤，提高农作物的产量，改善农产品的品质。但如果肥料长期施用不当，会造成肥料的流失、富集和挥发，从而引起环境污染，导致生态系统失调。肥料过量，土壤中重金属和有毒元素含量增加；长期大量地使用氮肥特别是大量施用铵肥，会使土壤逐渐酸化，致使土壤板结，严重时丧失农业耕种价值；大量施用化学肥料，会导致农作物种植区域水体富营养化，导致水生植物如某些藻类过量增长，耗去水中的溶解氧，会造成鱼、虾、贝大量窒息死亡，使水质变差，甚至散发出恶臭，不能用于农田灌溉。

(四)农膜污染

地膜覆盖栽培具有显著提高地温、保水抗旱作用，能有效地综合调节作物生长条件，提高作物产量，已成为我国积极抗旱、合理调配使用降雨的有效措施。但由于回收残膜意识淡薄，回收技术手段落后，不能及时完全清理旧膜，大量的残留地膜可长期残留在土壤中，破坏土壤结构，影响作物正常生长，进而造成农作物减产。

第二章　蔬菜生产基础知识

第一节　蔬菜的分类

蔬菜的种类很多，仅我国就有 200 种以上，其中普通栽培的有 50~60 种，为了便于学习和研究，必须对蔬菜进行科学的分类。通常采取植物学分类法、食用器官分类法和农业生物学分类法进行蔬菜分类。这里只介绍通常采用的农业生物学分类法。该方法是从农业生产的要求出发，将生物学特性和栽培技术基本相似的蔬菜归为一类，比较适合农业生产的要求。

一、根菜类蔬菜

根菜类蔬菜是以肥大的肉质直根为产品的蔬菜，主要有萝卜、胡萝卜、芜菁、根用芥菜、牛蒡、根芹菜等。

二、白菜类蔬菜

白菜类蔬菜是十字花科蔬菜中，以柔嫩的叶丛或叶球、花薹、花球和肉质茎为产品的蔬菜，主要有大白菜、结球甘蓝、花椰菜、叶用芥菜（雪里蕻）、茎用芥菜（榨菜）等。

三、茄果类蔬菜

茄果类蔬菜是茄科蔬菜中以浆果为产品的蔬菜，主要有番茄、茄子、辣椒等。

四、瓜类蔬菜

瓜类蔬菜是葫芦科蔬菜中以瓠果为产品的蔬菜，主要有黄瓜、南瓜、西瓜、甜瓜、西葫芦、冬瓜、丝瓜、苦瓜、蛇瓜等。

五、豆类蔬菜

豆类蔬菜是豆科蔬菜中以鲜嫩的荚果或种子为产品的蔬菜，主要有菜豆、豇豆、豌豆、蚕豆、刀豆、扁豆、荷兰豆等。

六、葱蒜类蔬菜

葱蒜类蔬菜是百合科蔬菜中以鳞茎、嫩叶、花薹为产品的蔬菜，主要有韭菜、大葱、大蒜、洋葱等。

七、薯芋类蔬菜

薯芋类蔬菜是以地下肥大的变态根和变态茎为产品的蔬菜，主要有马铃薯、山药、姜、芋等。

八、绿叶菜类蔬菜

绿叶菜类蔬菜是以鲜嫩的绿叶、小型叶球、嫩茎为产品的蔬菜，主要有莴苣、芹菜、茴香、菠菜、茼蒿、苋菜、蕹菜等。

九、水生蔬菜

水生蔬菜是生长在沼泽地或浅水中的蔬菜，主要有莲藕、茭白、慈姑、荸荠、菱、芡实等。

十、多年生蔬菜

多年生蔬菜是一次播种或定植后，可以采收数年的蔬菜，主要有金针菜、芦笋、竹笋、百合、草石蚕、食用大黄、香椿等。

十一、食用菌类蔬菜

食用菌类蔬菜是能够食用的大型真菌，主要有蘑菇、香菇、草菇、平菇、金针菇、猴头菇、木耳、银耳等。

第二节　蔬菜的生长发育

一、蔬菜的生长发育过程

(一)生长发育的概念

蔬菜大多数都是一、二年生的种子植物，它们从种子萌发到再形成种子都要经过一系列的生长发育过程。生长是植物直接产生与其相似器官的现象。生长的结果，引起体积或者质量的增加，如植株质量的增加、茎的伸长和加粗、叶数的增多、叶面积的扩展、块茎体积的增大等。发育是在生长的基础上，植物通过一系列的质变以后，产生与其相似个体的现象。发育的结果是产生新的器官——花、种子和果实。

(二)蔬菜的生长发育过程

一、二年生的蔬菜，生长发育过程基本一致，可分为三个时期。

1.种子时期

种子时期一般是指从种子成熟到发芽前的休眠期，为保持较长的发芽年限，种子最好保存在冷凉干燥的环境。

2.营养生长时期

营养生长时期又可分为发芽期、幼苗期、营养生长旺盛期和营养休眠期。

(1)发芽期

发芽期是从种子开始萌动到子叶展平，进而显露真叶的时期，分为出苗前和出苗后两个阶段：出苗前需要高温以快速出苗；出苗后需降温防止徒长。

(2)幼苗期

幼苗期是从真叶显露到形成一个叶序环，或茄果类蔬菜开始现蕾，瓜类、豆类蔬菜开始抽蔓的一段时间。幼苗期间，蔬菜生长迅速，代谢旺盛。幼苗期蔬菜生长量虽不大，但生长速度快。一年生蔬菜进入幼苗期不久就开始花芽分化。幼苗期蔬菜对土壤水分和养分的吸收量不大，但要求严格，对不良环境的抗性弱，在栽培上要创造良好的环境，培育壮苗。

(3)营养生长旺盛期

幼苗期后，一年生的果菜类蔬菜及二年生的叶菜类蔬菜、根菜类蔬菜都有一个旺盛生长期。当植株长到一定程度时，其同化产物供应根、茎、叶的生长有余，转向积累，促进产品器官的形成。

(4)营养休眠期

二年生及多年生蔬菜,在产品器官形成后,有一个休眠期。马铃薯的块茎等是自然休眠,而大白菜、萝卜等是被迫休眠。一年生果菜类蔬菜及二年生的菠菜、芹菜等没有这一时期。

3.生殖生长期

(1)花芽分化期

花芽分化是植物由营养生长过渡到生殖生长的形态标志。二年生蔬菜,通过一定的发育阶段后,在生长点上开始花芽分化,然后现蕾、开花。栽培上,要创造适于蔬菜花芽分化的环境,促进发育。

(2)开花期

开花期是从现蕾开花到授粉、受精。这一时期,蔬菜对外界环境的抗性较弱,对温度、光照及水分的反应敏感。温度过高或过低,光照不足或水分过干等,都会妨碍授粉受精而引起落蕾、落花。

(3)结果期

结果期是从授粉、受精后子房膨大到果实成熟。这一时期是果菜类蔬菜形成产量的主要时期,也是蔬菜制种的重要环节,必须给予最佳的生长结果条件。

上述是蔬菜的一般生长发育过程,并不是所有蔬菜都具备这些阶段。对于营养繁殖的种类,如大多数薯芋类蔬菜及一部分葱蒜类蔬菜和水生蔬菜,栽培上不经过种子时期。

二、蔬菜生长的相关性

就蔬菜的个体而言,它的生长发育过程有一定的顺序,各器官、各部分之间在生育上有着相互依赖、相互制约的相关性。充分了解它们生长发育的规律,在栽培上有助于创造适宜的条件,调节其生长发育过程,不断提高生产水平,向着有利于高产、优质的方向发展。

(一)地下根系和地上茎叶生长的相互关系

根与茎叶的生长具有复杂的内在联系。生长过程中总是先发根,再抽生茎和叶。地上部茎叶的生长有赖于根系供应水分和矿质营养，而根系的生长也必须依赖地上茎叶提供的有机营养，从而达到地上部与地下部的平衡。"根深叶茂"就是说明根系与茎叶生长的相关性。但是，由于各自生长发育所要求的条件不尽相同，对外界环境条件反应也不一致，所以往往因为外界条件的改变而破坏这种统一关系。如土壤含水量降低时，根系的水分易于得到满足，而茎叶则因缺水而生长受抑，于是有了剩余养分供应根系，促进了根系的生长。反之，水分增多，促使茎叶生长旺盛，消耗大量养分，供应根系的有机物质减少，加之根系因土壤水分过多而通气不良，生长受到抑制。氮素营养的增加，对茎叶生长的促进作用大于根部；而磷则能提高根中含糖量，促进根的生长。光照增强有利于促进光合作用，抑制茎叶旺长，使根的营养增加。

生长上的蹲苗，就是通过控制土壤水分，为根系生长创造良好的条件，使地上部的生长暂时受到抑制。蹲苗结束时，根系强大，若此时供应充足的水分，地上部分生长就会大大增强。另外，植物体是一个统一体，地上部分的摘心、打杈、剪枝，不仅会减小地上部的生长量，而且会抑制根系的扩展；同样，地下部经断根处理，也必然影响地上部茎叶的生长。

(二)顶端与分枝生长的相互关系

蔬菜植物的顶端生长与侧枝生长，有着极密切的相关性。顶端优势是蔬菜生长的普遍现象，当主茎生长快速时，侧枝往往生长缓慢或不能萌发。顶芽对侧芽有抑制作用，一旦摘除顶芽，则其邻近的侧芽便迅速萌发抽枝。了解这种特性，对调节蔬菜生长，促进产品器官早熟有重要的意义。例如，对于利用主蔓结果的西瓜、南瓜、冬瓜等，栽培管理宜加强主蔓培养，使其发挥顶端优势，可以收到早熟、优质、高产的效果；对于利用侧蔓结果的甜瓜、瓠瓜等则应及时对主蔓摘心，破除顶端优势，使其提早抽生侧蔓，才能达到早结果、多结果的目的。

另外，主根与侧根的生长也有类似的相关现象。如切断主根后，能促使发生侧根，苗期常用的移植措施，就可使秧苗断根后发生大量侧根。

(三)营养生长与生殖生长的相互关系

营养器官与生殖器官之间有着密切的相关性，调节好二者的关系，对保证蔬菜的正常发育、获得丰硕产品有着重要的作用。生殖器官生长是建立在营养生长基础上的。植株瘦弱，营养生长不良，难以为生殖生长提供充足的有机营养；植株徒长，茎叶生长过旺，养分消耗过多，则发育不良，开花结果推迟，产品数量减少。同样道理，当生殖器官形成之后，它的生长发育情况也会影响营养器官的生长。蔬菜栽培技术中的许多措施，如整枝、打杈、摘心、疏花、疏果和肥水管理等，在很大程度上都是围绕协调营养生长与生殖生长的关系进行的。

第三节　蔬菜生产的环境条件及其控制

一、温度及调控

(一)不同种类蔬菜对温度的要求

根据不同种类蔬菜对温度的不同要求，可将蔬菜分为以下五类：

1.耐寒性蔬菜

耐寒性蔬菜主要包括除大白菜、花椰菜以外的白菜类蔬菜及除苋菜、蕹菜以外的绿叶菜类蔬菜。该类蔬菜耐寒性很强，但不耐热，生长期能够忍耐长时间$-1\sim-2\ ℃$低温和短期$-3\sim-5\ ℃$低温，个别种类可以忍受$-10\ ℃$的暂时低温，生长发育适温为$15\sim20\ ℃$。

2.半耐寒性蔬菜

半耐寒性蔬菜主要包括根菜类蔬菜、大白菜、花椰菜、马铃薯等。该类蔬菜耐寒性稍差，不耐热，大部分蔬菜生长期间能忍耐短期$-1\sim-2\ ℃$低温，生长发育适温为$17\sim20\ ℃$，在产品器官形成期温度超过$21\ ℃$时生长不良。

3.耐寒且适应性广的蔬菜

耐寒且适应性广的蔬菜主要包括葱蒜类蔬菜及多年生蔬菜。该类蔬菜耐寒性和耐热性均较强，可耐 26 ℃以上高温，生育适温范围为 12~24 ℃。

4.喜温蔬菜

喜温蔬菜主要包括茄果类蔬菜、大部分瓜类蔬菜、大部分豆类蔬菜、除马铃薯以外的薯芋类蔬菜和水生蔬菜等，该类蔬菜既不耐低温，又不耐高温，气温在 15 ℃以下时，开花结果不良，10 ℃以下时停止生长，0 ℃以下则死亡；温度超过 40 ℃时，同化作用小于呼吸作用。这类蔬菜生育适温为 20~30 ℃。

5.耐热蔬菜

耐热蔬菜主要包括冬瓜、南瓜、甜瓜、丝瓜、豇豆等蔬菜。该类蔬菜有较强的耐热能力，生长发育期间要求高温，30~32 ℃左右时同化作用旺盛，其中甜瓜、豇豆等在 40 ℃时仍能正常生长。

(二)不同生长发育时期对温度的要求

同一蔬菜不同生长发育时期对温度的要求不同。总的规律是，发芽期要求较高温度，喜温暖蔬菜发芽适温为 25~30 ℃，喜冷凉蔬菜发芽适温为 15~20 ℃；幼苗期比发芽期要求温度稍低些；营养生长盛期比幼苗期要求温暖稍高一些；但对一些二年生蔬菜来说，其产品器官形成期要求温度较低，生殖生长时期要求较高温度。

(三)种子春化与绿体春化

春化作用是指植物必须经历一段时间的持续低温才能由营养生产转为生殖生长的现象。一般将蔬菜分为种子春化和绿体春化两种。

1.种子春化

有些蔬菜可以在种子萌动阶段感受低温的影响而通过春化，如白菜、芥菜、萝卜、菠菜等。它们在幼苗期和成株期也可感受低温的影响而通过春化。低温处理的温度与时间因蔬菜种类、品种不同而异，春化温度大体为 0~10 ℃，完成时间为 10~30 天。

2.绿体春化

有些蔬菜必须在植株长到一定大小时，才能感受低温的影响而通过春化，如甘蓝、洋葱、大蒜、大葱、芹菜等。所谓"一定大小"，可以用日历苗龄即播种后幼苗生长天数，或生理苗龄即播种后幼苗大小长相来衡量。植物通过春化作用后，完成花芽分化，植株由营养生长转为生殖生长。

(四)调节温度的措施

1.合理安排生产季节

把产品形成及产品旺盛生长期安排在温度最适宜的月份。如大白菜、萝卜等蔬菜于早秋温度较高时播种，叶球及肉质根形成时则处于冷凉季节；春茬果菜于冬季育苗，早春栽培，结果期则处于初夏的温暖季节。

2.利用自然地势对气温的影响

如夏季高山栽培，避免炎热；利用向阳坡、河湖旁栽培蔬菜，可减轻早春或冬季骤然降温对蔬菜的危害。

3.利用农业措施调节温度

大面积蔬菜区栽植防护林，小面积菜园建立风障，田间铺沙，地面覆盖等可提高土壤温度；熏烟可防止早霜或晚霜的危害；夏菜利用地膜覆盖、遮阳网人工遮阴及密植、间套作等，可降低土温；调节灌水时间和方法，如上午浇水，可减轻中午的光热，下午浇水，可减少夜间温度的骤降，喷灌则可降低气温和植物体的体温。

二、光照条件及利用

(一)不同种类蔬菜对光照强度的要求

1.对光照要求较强的蔬菜

对光照要求较强的蔬菜主要包括茄果类蔬菜、瓜类蔬菜、豆类蔬菜、豆薯等，该类蔬菜生长期间要求强光照条件，其光饱和点为 50~70 klx。尤其西瓜、甜瓜、番茄等喜光性更强。

2.对光照要求中等的蔬菜

对光照要求中等的蔬菜主要包括白菜类蔬菜、根菜类蔬菜、葱蒜类蔬菜、马铃薯等。该类蔬菜生长期间要求中等强度光照条件，其光饱和点为 40 klx 左右。

3.对光照要求较弱的蔬菜

对光照要求较弱的蔬菜主要包括姜和绿叶菜类蔬菜等。该类蔬菜生长期间要求较弱的光照条件，在强光下生长不良，品质变劣，其光饱和点为 20 klx 左右。

(二)不同种类蔬菜对光周期的反应

根据不同种类蔬菜对光周期的反应，可将蔬菜分为三类：

1.长日性蔬菜

较长的日照（一般为 12~14 h 以上）促进植株开花，短日照条件延迟开花或不开花。这类蔬菜主要有白菜、甘蓝、萝卜、胡萝卜、芹菜、莴苣、蚕豆、大葱、洋葱等。

2.短日性蔬菜

较短的日照（一般为 14 h 以下）促进植株开花，在长日照条件下不开花或延迟开花。这类蔬菜主要有扁豆、蕹菜、佛手瓜等。

3.中日性蔬菜

在较长或较短日照条件下都能开花，对光周期反应不敏感，温度合适，均可四季开花结果。这类蔬菜有番茄、黄瓜、辣椒、菜豆等。

(三)对光照条件的利用

光照条件与蔬菜产量、质量关系密切，栽培上必须尽量改善光照，充分利用光能。

首先，要使叶面积尽快达到最高值，并维持较长时间。叶面积的大小，常以叶面积系数来表示。各类蔬菜生长习性不同，其最适叶面积系数也不一样：塌地型蔬菜和蔓生型蔬菜叶面积系数要小，一般为1.5~2；直立型的茄果类蔬菜，一般为 3~4；蔓生支架类蔬菜要大，可达 4~5。最适叶面积系数的安排还要考虑肥水条件，肥水不足者宜小，肥水条件较好宜适当增大。

其次，创造能发挥最大光合能力的环境条件。根据水、肥和光照条件实行合理密植，做到及时间苗、调整植株、设立支架、预防早衰，保证产品器官的正常形成，最终达到提高产量的目的。

三、水分及调控

(一)不同种类蔬菜对土壤水分的要求

根据蔬菜对土壤水分的需求程度不同，可分为下列五类：

1.水生蔬菜

水生蔬菜主要有莲藕、茭白等。这一类蔬菜其植株的全部或大部分都浸在水中或沼泽地带才能生活，它们的茎柔嫩，在高温下蒸腾作用旺盛，而根系不发达，根毛退化，吸收水分能力弱。

2.喜湿性蔬菜

喜湿性蔬菜主要有黄瓜、大部分绿叶菜类蔬菜、白菜、甘蓝等。这一类蔬菜叶面积大，组织柔嫩，叶片蒸腾面积大，消耗水分多，但它们的根群小而且密集在浅土层，吸收水分能力弱。因此，要求较高的土壤湿度，生产上要加强灌溉。

3.半喜湿性蔬菜

半喜湿性蔬菜主要包括大葱、大蒜、韭菜、洋葱等。这一类蔬菜根群弱小，吸收能力弱，但叶片呈管状或带状，叶表面有蜡质，蒸腾水分少。生产上，要保持土壤湿润，但浇水量不宜过大。

4.半耐旱性蔬菜

半耐旱性蔬菜主要包括茄果类蔬菜、豆类蔬菜、根菜类蔬菜、马铃薯等。这一类蔬菜根群较强大，叶面积也不小，虽然消耗水分多，但吸收能力强。生产上，需适当灌溉以满足其对水分的需求。

5.耐旱性蔬菜

耐旱性蔬菜主要包括西瓜、甜瓜、胡萝卜等。这一类蔬菜具有强大的根群，分布深而广，能吸收土壤深层水分，叶片虽然很大，但叶上有裂刻及茸毛，能减少水分的蒸腾，是最耐旱的一类蔬菜。

(二)水分的调节

生产上通过合理地灌水、保水和排水来调节蔬菜的水分。灌水和保水的依据如下：

1.依据蔬菜种类

如大白菜、黄瓜等根浅、喜湿、喜肥的蔬菜，宜大水勤灌；茄果类蔬菜、豆类蔬菜等根系较深的蔬菜，宜见干见湿；速生菜宜肥、水无缺。果菜类蔬菜的营养生长与生殖生长并行，宜"浇荚不浇花"；越冬菜，在土壤封冻前浇一次透水（封冻水），以利于土温稳定、幼苗安全越冬和供给幼苗越冬和返青所需水分。

2.依据蔬菜生长发育期

播种前浇足底水，出苗后覆湿润细土，幼苗期适当控制水分，以防徒长。对以贮藏器官为产品的蔬菜，莲座后期可浇一次大水，后中耕保水，适当蹲苗，可抑制外叶徒长，促进产品器官形成。生长旺盛期和结果期，则勤浇多浇。

3.依据气候特点

西北地区，每年3—6月土壤干旱，其中3—5月，气温和地温都较低，降水很少，空气干旱，旱作区以保温、保墒、保苗为主，灌溉区应轻浇、少浇，培育壮苗。之后要根据当地气候合理运用降雨和灌溉条件，保障蔬菜生长对水分的需求。

4.依据季节、土壤和苗情

不同季节灌水措施不同。冬春低温季节，锄地保墒，以上午10时至下午2时灌溉为宜；夏季多灌水防旱，宜在早晨或傍晚地温较低时灌溉。灌水要结合土壤性质，对漏水地须增加灌溉次数，结合增施有机肥改良保水性；低洼地小水勤浇。灌水还需视苗情进行，如叶片上翘、色泽淡、蜡粉薄、节间伸长，为水分过多，需排水或锄地；反之，如叶片萎蔫严重、叶色浓绿、发暗、生长点卷缩、叶面蜡质加厚，为缺水表现，需要浇水。

四、土壤营养条件

(一)不同种类蔬菜对营养元素的要求

1.叶菜类蔬菜

小型叶菜全生长发育期需氮最多，大型叶菜需氮也多，但到了生长盛期需较多的钾和适量的磷。如果全生长发育期氮素不足，则植株矮小，组织粗硬，春播易早期抽薹。后期磷、钾不足时，不易结球。

2.根茎类蔬菜

幼苗期需要较多的氮、适量的磷和少量的钾。根茎肥大时，需较多的钾、适量的磷和较少的氮。如果前期氮肥不足，生长受阻，发育迟缓；后期氮素过多、钾不足，植株地上部容易徒长。

3.果菜类蔬菜

幼苗期需氮较多，磷、钾的吸收相对少些；进入生殖生长时期磷的需要量激增，而氮的吸收量略减；果实膨大期需要较多的磷、钾。如果前期氮不足则植株矮小；磷、钾不足则开花晚，产量品质也随之降低；后期氮过多而磷、钾不足，则茎叶徒长，影响正常结果。

(二)蔬菜对营养元素的吸收

一般来讲，生长期长、产量高、内含营养成分多的蔬菜吸收量大，反之吸收量则小。但是生长期长的蔬菜，单位时间内所吸收的营养元素却少于生长期短的。如生长期为120天的胡萝卜，每亩吸收氮、磷、钾的总量为27.5 kg，平均每天吸收0.22 kg；而生长期仅为30天的小水萝卜，每亩吸收总量为11.9 kg，平均每天吸收0.39 kg。因此，对于生长期短的速生菜，应在短期内施足肥料，才能获得高产。

(三)施肥

蔬菜生长快，产量高，复种次数多，除需要肥沃土壤外，还需经常施肥，以满足生长发育的需要。施肥除了根据种类、生长发育期外，还需考虑气候条件，如低温季节每次施肥量宜大，减少施肥次数，高温季节则以薄肥勤施为宜；雨水较多时，土地过湿，化肥可开穴干施；天旱土干则水肥并举。此外，还需按土施肥，沙土保肥能力差，速效肥宜轻施勤施；黏性土可用沙性河泥、堆厩肥，改善土壤的物理性和透气性，以利蔬菜根系生长。

五、气体条件

(一)有益气体

1.二氧化碳

二氧化碳是光合作用的原料之一。一般光合作用最适宜的二氧化碳浓度为0.1%，而大气中的平均含量仅为0.03%。因此，在温度、光照、水分条件适宜及矿质营养充足时，适当补充二氧化碳是保护地提高产量的一个有效措施。但根系中过多的二氧化碳，对蔬菜的生长发育反而产生毒害作用。在土壤板结的情况下，二氧化碳含量若长期高达1%~2%，会使蔬菜受害。

2.氧气

蔬菜呼吸作用所需氧气来自空气，土壤中的氧气往往不能满足蔬菜生长的要求。如土壤水分过多或土壤板结而缺氧，根系呼吸窒息，新根生长受阻，地上部萎蔫，生长停止。因此，栽培上要及时中耕、松土，改善土壤中的氧气状况。

(二)有害气体

在工矿区附近，空气中常有二氧化硫、三氧化硫、氟化氢、乙烯、氯气等有害气体存在。在保护地中化肥施用不当有氨气挥发，明火加温也会释放 CO、SO_2 等有害气体。有害气体通过气孔，也可通过根部进入植物体中。其危害程度取决于其浓度大小、植物本身表面的保护组织及气孔开闭的程度、细胞有无中和气体的能力和原生质的抵抗力等因素。生产中可以通过采取以下措施来减轻或避免有害气体的危害：保护环境，减少有毒气体的产生；采用正确的施肥方法；施用生长抑制剂提高蔬菜抗性等。

第四节　蔬菜品质及其调控措施

一、蔬菜品质的概念

蔬菜的品质是其外观、食味和营养等多种特性的综合表现。一般认为，蔬菜的品质主要由其营养、嗜好、功能、安全、流通和加工等组成。

(一)营养要素

营养物质一般是指一些在人体中不能合成（如维生素 C）或其合成需要的一些特殊因子不足或缺乏（如氨基酸、脂肪酸和维生素）的物质。蔬菜中含有碳水化合物、蛋白质、脂肪、纤维素、维生素、矿物质、氨基酸和有机酸等多种营养物质，这也是传统的蔬菜营养或品质的主要组成要素。

(二)嗜好要素

嗜好要素主要包括产品的形状、大小、色泽、味觉、香觉、硬度、黏性等。大多数蔬菜为鲜食产品，其新鲜度和成熟度是影响产品在市场中销售的重要因素。

(三)功能要素

蔬菜提供的维生素类、酚酸类、类胡萝卜素、甾醇类、皂苷类、芥子油苷等特殊营养物质，是维持人类健康所必需的小分子化合物，在调节人体代谢、促进生长发育和维持生理功能等方面发挥着重要作用。

(四)安全要素

蔬菜生产过程中，农药、化肥、有机肥的投入，导致一些产品中农药、重金属、有害微生物和毒素的积累，影响了其食用价值。

(五)流通要素

蔬菜含有较多水分，存储性差。通常对其大小、形状、耐储性方面具有一定的要求，这些性状在一定程度上成为影响品质的因素。

(六)加工要素

用于加工的蔬菜，必须具有一定的加工适应性和成分含量的要求。

二、影响蔬菜品质的主要因素

蔬菜的营养成分与品质优劣主要受基因、环境和农艺措施等因素影响。

(一)基因因素

不同蔬菜乃至同一种类蔬菜中的营养成分存在较大的差异。如辣椒中含有较多的维生素 C，而十字花科蔬菜中含有较多的芥子油苷，一些叶菜中含有较多的叶黄素。同样，同种蔬菜中各种品质成分也有较大的差异，如樱桃番茄比普通番茄含有更多的可溶性固形物，黄色品种比红色品种含有更高含量的类胡萝卜素。

(二)农艺措施因素

不同栽培模式或方式对蔬菜品质具有一定的影响。近年来，有机蔬菜受到消费者的青睐，这不仅与无农药残留有关，更与有机农产品特有的风味有关。这些内在品质的提高与施用有机肥和采用有机蔬菜标准化生产技术相关。

(三)环境因素

蔬菜产品内的营养成分在受遗传因子控制的同时，也受光照、温度、水分、养分和盐分、CO_2 水平等环境因素的影响。植物在其生长发育中不断遭遇低温、高温、强光、干旱等环境胁迫，从而影响植物产量的形成，也影响营养成分的含量，如叶黄素、维生素 C、维生素 E、类胡萝卜素、花青素和酚类物质等，其中的一些物质是人类健康所必需的。这些营养成分的形成与植物的抗性形成都与环境条件直接相关。

三、蔬菜品质的调控措施

(一)选用优良品种改善品质

营养物质在不同蔬菜中含量差异可高达数十倍。例如，番茄果实中含有较多的胡萝卜素特别是番茄红素；而十字花科蔬菜则含有较多的芥子油苷；青花菜中含有较多的维生素 C、精氨酸；洋葱中含有较多的槲皮素；抱子甘蓝中 β-胡萝卜素的含量较高等。事实上，同一种类蔬菜其营养成分的内在含量因受遗产进化和人为选择的影响，也有着明显的差异。采用传统育种与现代分子育种培育高品质的新品种和选用高品质品种是提高蔬菜品质的重要策略。

(二)利用生理调控技术提高产品品质

通过植株调整、提高 CO_2 水平等措施可以使一些营养成分积累。

1.植株调整

通过整枝和疏果等措施来促进光合作用产物向特定产品器官的分配；通过去除老叶减少遮阴，改善果实或叶片的光照条件，增加果实色素合成，促进营养成分积累，这也是目前生产中广泛应用的技术。

2.提高光合作用

通过提高 CO_2 水平和光照强度，提高光合效率，促进植物不同组织中碳水化合物的积累，从而提高果实中的糖分浓度。

3.嫁接

筛选优异砧木，对果菜、西瓜和甜瓜等蔬菜进行嫁接，使果实碳水化合物积累和商品性不受砧木的影响，从而提高瓜果蔬菜品质。

(三)利用环境调控技术改善产品品质

温度、光照、水分、养分（盐分）和 CO_2 浓度是影响蔬菜品质的主要环境因子。蔬菜中的营养成分积累大多需要外界环境特别是逆境的诱导，如抗氧化物质，只有在植物遭遇逆境的条件下，在植物光能得不到有效利用等环境下，其合成才得到提高。在强光、低温、干旱和高盐等条件下植物组织的维生素 C、维生素 E、类胡萝卜素、花青素、芥子油苷和酚类物质含量升高 30%~200%。因此，创造植物生长发育的适宜环境，可以获得营养成分相对中庸、产量相对较高的产品；创造植物相对不适宜的环境，从而促进植物中一些特殊代谢成分更高的积累，获得品质相对高、产量相对较低的产品。

第三章　蔬菜生产基本技术

第一节　蔬菜种子识别

一、蔬菜种子的概念

蔬菜种子有广义与狭义之分。广义是指用于播种的材料，包括植物学上的种子、果实、营养器官以及菌丝体；狭义是指植物学上的种子。生产上的种子指种子的广义概念。

第一类是植物学上的种子：仅由胚珠形成。如瓜类、豆类、茄果类、白菜类等蔬菜的种子。

第二类是各种果实：由胚珠和子房构成。伞形科、黎科、菊科等蔬菜，如芹菜（双悬果）、菠菜（胞果）、莴苣（瘦果）等的种子。

第三类是指营养器官：由营养器官作为播种材料。薯芋类蔬菜、水生蔬菜以及大蒜等属于营养繁殖的蔬菜，如马铃薯（块茎）、大蒜（鳞茎）等。

第四类是食用菌的菌丝体即菌种。如木耳、蘑菇等食用菌类的菌丝体。

二、蔬菜种子的寿命

(一)蔬菜种子的寿命

蔬菜种子的寿命又叫发芽年龄，是指在一定的环境条件下，种子完全成熟后能保持其发芽能力的年限。种子寿命的长短，取决于本身的遗传特性、生理成熟度以及贮藏条件。种子的群体寿命是指一个种子群体的发芽率降到 50% 左右的时间。当种子群体发芽率在

50%以下时，表明该种子生活力已经衰退，不宜再作为生产用种。生产上通常以能保持80%以上发芽率的最长贮藏年限为种子使用年限。在自然条件下蔬菜种子的寿命为一般1~5年，而使用年限多为1~3年。

(二)蔬菜新、陈种子的区别

蔬菜新、陈种子对蔬菜生产影响较大。新种子发芽快，幼苗生长旺盛，容易获得高产；陈种子发芽势、发芽率降低，出苗慢，整齐度差，幼苗生长差，不适合作为生产用种。

(三)蔬菜种子的质量检测

蔬菜种子的质量优劣，最后应表现在播种后的出苗速度、整齐度、秧苗纯度和健壮程度等。种子的这些质量标准，应在播种前确定，以便做到播种、育苗可靠。种子质量检测的内容包括种子净度、种子纯度、千粒重、发芽率、发芽势等。

1.种子净度

种子净度是样本种子中本品种种子的质量百分数。其他品种或种类的种子、泥沙、花器残体等都属于杂质。

2.种子纯度

种子纯度是品种在特征特性方面典型一致的程度，用本品种的种子数占供检本作物样品种子数的百分率表示。计算公式：

种子纯度=本品种的种子数÷供检本作物样品种子总数×100%

3.千粒重

千粒重是以克表示的1000粒种子的质量，它是体现种子大小与饱满程度的一项指标。同一品种的蔬菜种子，千粒重越大，种子越饱满、充实，播种质量越高。

4.发芽率

在发芽试验终期（规定日期内）测试种子发芽数占测试种子总数的百分率。它是衡量种子质量好坏的重要指标。计算公式：

种子发芽率=发芽试验终期(规定日期内)发芽数÷测试种子总数×100%

5.发芽势

在发芽试验初期（规定日期内）测试种子发芽数占测试种子总数的百分率。它是鉴别种子发芽整齐度的主要指标。计算公式：

种子发芽势=在发芽试验初期(规定日期内)发芽数÷测试种子总数×100%

第二节 蔬菜种子播前处理及播种

一、播种前种子处理

播种前对蔬菜种子要进行处理，其目的一是避免种子传播病菌，引发苗期病害；二是缩短种子的发芽时间，提高种子的发芽率；三是对种子补充营养，提高幼苗的生长势；四是提高幼苗抗寒力，促进其生长发育。生产上常用的种子处理方法主要有晒种、浸种与催芽、低温与变温处理、干热处理、化学处理、药剂消毒等。

(一)晒种

晒种的主要作用，一是利用太阳光中的紫外线杀掉种子上所带的部分病菌与虫卵；二是促进种子内部的营养物质转化，提高种子发芽势。

(二)浸种与催芽

浸种和催芽是种子播前处理的重要技术。

1.浸种

浸种是将种子浸泡在一定量的水中，使其充分吸水膨胀，达到萌芽所需的含水量。根据浸种的水温不同，通常分为一般浸种、温汤浸种和热水烫种三种方法。

(1)一般浸种

指用20~30 ℃的温水浸泡种子，适宜的水量为种子量的5~6倍，浸种期间12小时换1次水，浸种时间以种子充分膨胀为宜，浸种时间过长，种子营养将外渗。浸种只能起到使种子吸水作用，无消毒和促进种子吸水的作用，适用于种皮薄、吸水快的种子，如结球甘蓝、花椰菜、菜豆、豇豆等的种子。

(2)温汤浸种

一般用 50~55 ℃温水浸种，将种子放入温水中，之后不断搅拌，处理过程中不断加热水，保持 10~15 分钟，之后加入凉水，降低温度至 30 ℃，以后按一般浸种操作即可。温汤浸种适用于番茄、辣椒、黄瓜、西葫芦等蔬菜的种子。温汤浸种有消毒作用，但促进种子吸水效果不明显。

(3)热水烫种

热水烫种是将充分干燥的种子投入 75~85 ℃热水中，快速搅拌 3~5 分钟后，加入凉水转入温汤浸种或直接转入一般浸种。热水烫种的主要作用是使干燥的种皮产生裂缝，促进种子吸水。热水烫种适用于种皮厚、吸水困难的种子，如西瓜、冬瓜、苦瓜等的种子。

2.催芽

催芽是将浸泡好的种子，放在适宜的温度、湿度和氧气条件下，使其迅速发芽。少量种子催芽，一般将种子从水中捞出，用湿布包好，放入干净的容器内，置于温暖处催芽，有条件的利用恒温箱、温室，也可放到火炕、电热毯等上面。种子量大时，可用瓦盆、催芽盘等进行催芽。一些催芽时间比较长的种子，也可采用掺沙法，与适量细沙混匀后进行催芽。催芽期间，一般每 4~5 小时松动种子 1 次，每天用清水淘洗种子 1 次，除去黏液，补充水分。当大部分种子露白时，停止催芽，准备播种，若遇恶劣天气不能及时播种，应将种子放在 5~10 ℃低温环境下，保湿待播。

3.低温和变温处理

低温处理是指把开始萌动（破嘴）的种子放到 0 ℃左右的低温中 1~2 天，然后再置于适温中催芽。变温处理是指把开始萌动的种子（连布包）先放到–1~ 5 ℃环境下保持 12~18 小时（喜温蔬菜温度取高限），再放到 18~22 ℃环境下保持 12~16 小时；如此反复处理 1~10 天，直到出芽。经过低温处理和变温处理的种子，幼苗粗壮，发育期提早，生命力旺盛，抗寒力增强。如果绿叶菜类蔬菜则花期提前，早期产量提高。

4.化学处理

化学处理分为植物生长调节剂处理和微量元素处理两大类，目的是促进发芽，使苗齐苗壮，早熟丰产。萘乙酸 1~50 mg/kg，浸瓜、果、豆类蔬菜种子可以促进生长和增加产量；用 0.1%硫脲浸芹菜、菠菜、莴苣等种子，可以代替冷凉条件，促其种子发芽；5~10 mg/kg 的赤霉素溶液浸种也有促进发芽作用；用硼酸、硫酸锰、钼酸铵 500~7000 mg/kg溶液浸黄瓜和甜椒的种子，700~1000 mg/kg 溶液浸番茄和茄子种子，可以促进幼苗的根系生长，加快生长发育。

二、播种

(一)播种量

播种量应根据蔬菜的种植密度、单位质量的种子粒数、种子的使用价值以及播种方式、播种季节等来确定。点播蔬菜播种量的计算公式如下：

单位面积播种量=种植密度（穴数)×每穴种子数×安全系数÷(每克种子数×种子使用价值)

种子使用价值(%) =种子纯度(%)×种子发芽率(%) ×品质纯度(%)

由于受人为因素和自然因素的影响，生产上种子播后的实际出苗率往往低于以上计算的理论值，实际播种量应大一些。视种子的大小、播种季节、播种方式、土壤耕作质量等不同，实际播种量等于上述理论播种量乘以保险系数 (0.5~4)。

(二)播种期

播种期的确定关系到产量的高低、品质的优劣和病虫害的轻重，在蔬菜一年多作的区域还关系到前后蔬菜的茬口安排。如喜温蔬菜一般冬春播种，要使终霜后安全出苗。对于其中不耐高温的西葫芦、菜豆、番茄等，应考虑躲开炎热；对西瓜、甜瓜，应考虑躲开雨季。还要重点考虑市场供求，能够做到同种蔬菜错开大批量上市销售季节或通过错时播种延长上市销售时间，以获得好的经济效益。

(三)播种方式

主要有撒播、条播和点播（穴播）三种方式。

1.撒播

撒播是将种子均匀撒到畦面上，然后覆土。撒播主要用于育苗和叶菜类蔬菜。撒播分为干播（播前不浇底水）和湿播（播前浇底水）两种方法。

2.条播

条播是将种子均匀播入沟内，然后覆土。条播便于机械播种以及中耕、松土等管理，多用于株型较小、生长期较长的蔬菜，如菠菜、胡萝卜、水萝卜等。

3.点播

点播又叫穴播，是将种子播种在穴内，然后覆土。点播多用于株型较大、生长发育期较长的蔬菜，如瓜类、豆类等。

第三节　蔬菜育苗

育苗是蔬菜生产的重要环节，除大部分根菜类蔬菜、部分豆类蔬菜、部分绿叶菜类蔬菜采用直播外，绝大多数蔬菜都适合育苗移栽。育苗移栽的主要意义在于：育苗能够使蔬菜提早播种，提前收获，延长蔬菜供应期，提高产量和品质；能充分利用土地，提高菜田复种指数；苗床集中，便于管理，减少管理用工量；便于茬口的安排与衔接，有利于周年集约化栽培的实现；可进行异地育苗；高度集中的商品苗生产有利于蔬菜产业的发展。

一、育苗方式

(一)根据蔬菜是否换根分为自根育苗和嫁接育苗

1.自根育苗

用种子直接播种或枝条直接扦插培育成苗，不改变蔬菜根系。

2.嫁接育苗

蔬菜嫁接技术是将一棵蔬菜的枝条或芽接到另一棵有根系的蔬菜上，使枝条或芽接受它的营养生长而成为一株独立的植株。不带根系的枝条或芽叫接穗，而提供根系的部分叫砧木。这种用另一蔬菜的根换去原接穗蔬菜的根，又叫换根栽培。生产上选用根系发达、抗病、抗寒、抗旱、吸收力强的砧木，换掉接穗的根系，可有效地避免和减轻土传病害的发生和流行，增强蔬菜的耐寒、耐盐、耐旱等方面的能力，从而达到增加产量、改善品质的目的，增加栽培效益。

(二)根据是否具备设施分为露地育苗和设施育苗

1.露地育苗

露地育苗是一种传统的育苗方式，是在露地设置苗床直接培育秧苗的育苗形式。其方法简便，苗龄一般较短，育苗成本低，适于大面积的蔬菜育苗，所用设施也很简单，最多是进行简易的覆盖。但这种育苗方式不能人为地控制或改变育苗过程中所处的环境条件，同时也易遭受自然灾害影响。

2.设施育苗

整个育苗过程在设施内进行，受外界环境条件影响小，育苗期灵活，可以提早育苗，早熟明显，容易培养壮苗，是现代育苗的重要手段，也是目前蔬菜市场中主要推广使用的育苗方式。

(三)根据有无护根容器分为床土育苗和容器育苗

1.床土育苗

床土育苗是传统育苗方式，就是直接在育苗床内育苗，移栽时将床土切块或带土挖苗，这样伤根较重，移栽后缓苗时间较长。由于秧苗整齐度较差，也不利于秧苗搬运。目前主要在葱蒜、绿叶菜生产中应用。

2.容器育苗

用一定容积的育苗容器装上育苗土或者基质，使蔬菜的整个苗期生长过程都在容器内完成。由于直接将种子或幼苗播种或排放在育苗容器中，便于管理，宜于培育壮苗，定植时可带土坨移植，可以提高成活率，加快缓苗，早产稳产作用明显。

(四)根据育苗基质类型分为育苗土育苗和无土育苗

1.育苗土育苗

根据蔬菜苗期生长对营养的要求，人为配制蔬菜育苗用土。用育苗土育苗，需要育苗土较多，单位面积育苗较少，移栽伤根严重，不方便运输。该育苗方式属于传统育苗方式，不适应现代化蔬菜生产要求。

2.无土育苗

无土育苗是一种新型育苗技术。使用的基质有炉渣、草炭、沙子、锯末、稻壳、蛭石、珍珠岩等，追肥用配制好的营养液，不流失，用肥量少，出苗率、成苗率、分苗及定植的成活率高于有土育苗，可大大节省种子，综合成本大大降低。该育苗方法与容器育苗方法相结合，适合机械化流水作业，有利于实行工厂化秧苗生产，适合现代化蔬菜生产发展要求。

二、育苗土育苗技术

(一)育苗营养土的配制

优良的育苗土要求含有丰富的有机质，营养成分完全，具有氮、磷、钾、钙等主要元素及必要的微量元素，速效氮 $100\sim150$ mg/kg，速效磷 $200\sim250$ mg/kg，速效钾 $100\sim150$ mg/kg；理化性质良好，兼具蓄肥、保水、透气三种性能，微酸性或中性，pH 以 $6.5\sim7$ 为宜；不带主要的病菌和虫卵，清洁卫生，无污染。

(二)播种

播种前一天将苗床充分浇足底水，播种时先将畦面耙松，随后将催好芽的种子或干种子播种到畦面上。播种要计算好播种期、播种量，采用相应的播种方式和播种方法。为了达到播种均匀，可将种子拌适量干细土后再行播种。播种后要及时覆上 0.5~1 cm 厚培养土，并用洒水壶喷水，冲出来的种子再用培养土覆盖好。为提高保温保湿效果，畦面上要盖一层地膜或遮阳网。

(三)播种后的管理

根据播种季节，育苗主要分冬春育苗和夏秋育苗。冬春育苗一般要进行分苗，苗期管理分播种床管理和分苗床管理。夏秋育苗一般采用稀播而不需分苗。

1.育苗播种床管理

(1)播种至出苗

从播种到子叶微展，一般需 3~5 天。管理上要维持较高的湿度和温度。播种后一般不通风，应根据情况及时补浇清洁干净的井水或自来水。水温应控制在 22~26 ℃，空气相对湿度保持在 80%以上。当外界气温过低时，应尽可能采取保温措施。在种子出苗过程中因以下原因会出现"戴帽"苗：表土过干，使种皮干燥发硬不易脱落；覆土太薄，种皮受压太轻，使子叶带壳出苗；种子太嫩，幼苗出土势较弱，不易将种皮冲破；种皮吸水不均匀也难以脱落。根据这些原因，及时采取相应的措施促进幼苗"脱帽"，或及时采取人工挑开的方法培育壮苗。

(2)子叶微展至第一片真叶初长

这一时期一般需 7 天左右，甚至更长一些。其生长特点是幼苗转入绿化，开始光合作用，生长速度减慢。管理上要在保证绿化的适宜温度条件下，尽可能使幼苗多见阳光。上午尽量早揭开覆盖物，下午尽可能延迟覆盖。要加强温度控制，如辣椒和茄子白天控制在

18~20 ℃，夜间控制在 14~16 ℃；黄瓜和番茄白天控制在 16~18 ℃，夜间可控制在 12~14 ℃。要逐步降低湿度，一般以控制在持水量的 60%~80% 为宜。湿度大时，可采取通风、控制浇水等措施来降低湿度，防幼苗拥挤和下胚轴伸长过快而形成"高脚苗"。

(3)第一片真叶初长至分苗

此时期内幼苗主要进行营养生长，相对生长率较高，尤其是根系增加迅速。管理上要适当提高温度，并最好采取变温管理，即白天温度偏高，晚间温度稍低。晴天应尽可能通风见光，阴雨天也要选中午前后适当通风见光。做到床土表面半干半湿，即床土表面将露白没有露白时浇水，干湿交替，预防猝倒病和立枯病的发生。秧苗生长细弱，应结合浇水追施 2~3 次营养液肥。营养液肥可选用含氮、磷、钾各 10% 左右的专用复合肥配制，施用浓度为 0.1% 左右。

2.分苗

分苗又称假植，是指当幼苗互相拥挤时，为扩大幼苗的营养面积，将幼苗从一个苗床移栽到另一个苗床的措施。分苗移栽切断了主根从而促进侧根生长，可扩大株间距离，增加营养生长面积，满足秧苗生长发育所需的光照和营养条件。分苗时将幼苗分级分类，分别栽植，使幼苗生长整齐。分苗的次数不宜过多，一般 1 次，最多 2 次。分苗的适宜时期为 1~4 叶期，分苗过早，幼苗容易受到伤害，成活率不高；分苗晚伤根多，缓苗慢。分苗前 3~4 天要通风降温和控制水分，对秧苗进行适当的锻炼，分苗宜在晴天进行，分苗前半天或 1 天苗床浇透水，以便带土起苗。

分苗的株距因作物确定，如茄果类 10 cm×10 cm 左右，其中辣椒等大型果品 1~2 株/穴；叶菜、花菜和茎菜类 8 cm×8 cm 左右。

3.夏秋育苗

在夏秋蔬菜育苗中，苗期较短，除茄果类蔬菜外，一般采用稀播而不需分苗。重点是遮阳降温，减轻暴雨冲刷和病虫危害，其他管理措施与冬春育苗相似。夏秋育苗主要是防止高温烧芽，措施有播后覆盖遮阳网和浇水降温增湿。

4.育苗期管理应注意的问题

育苗期易出现以下问题和现象，应对措施主要是精细过程管理。

(1)不出苗

一是某些种子未经低温浸种催芽不能如期出苗；二是种子失去发芽率而不出苗；三是环境条件不利，如土壤干燥、温度过高烧坏种芽而不出苗。如出现上述不出苗现象，应采取补救措施：一是遮阳降温；二是浇水保湿；三是及时补种；四是对某些需低温打破休眠的种子，应低温催芽后播种。

(2)出苗不齐

一种是出苗的时间不一致，早出土的苗和迟出土的苗相隔时间较长；另一种是在同一育苗床内，有的地方出苗多，有的地方出苗少。造成出苗不齐的原因有：盖土厚度不一致，盖土薄的出苗早，盖土厚的出苗迟；播种或浇水不均匀，播种密度大的出苗多，播种密度小的出苗少，浇水多的出苗快，浇水少的出苗迟。防止出苗不齐的方法是采用发芽率高、发芽势强的种子，进行催芽播种，播种时盖土和浇水尽量做到均匀一致。

(3)幼苗顶壳（戴帽苗）

幼苗顶壳是育苗中常见的现象，尤以瓜类蔬菜最为常见。刚出土的小苗，如果有顶壳现象，可喷洒些凉水或撒些湿润的细土，以增加湿度，帮助幼苗脱壳。少量顶壳的可用人工挑开。瓜类种子播种，应将种子平放，使种皮吸水均匀，便于脱壳。

(4)倒苗

倒苗的主要原因是管理不当，如播种过密、间苗和通风透光不及时，造成秧苗徒长；另一个原因是感染病菌，发生猝倒病、枯萎病等病害。

(5)徒长

植株过高、茎长节疏、叶薄、色淡绿、茎叶柔嫩、须根少的现象称为徒长。生产中间苗不及时、光线太暗、高温高湿、氮肥过多等都会产生徒长苗。

(6)烧根

烧根的症状是根系弱而黄，地上部分叶片小、叶面皱、边缘焦黄、植株矮小等。生产中苗床肥料未经充分腐熟、土壤干燥、温度过高等都会发生烧根现象。

三、容器育苗技术

(一)育苗容器

育苗容器有育苗筒、塑料钵、育苗穴盘、纸钵等。生产上主要用育苗穴盘。育苗穴盘适宜工厂化育苗和机械播种。其长宽大小一致，盘内有分格，每格底部有出水孔，每盘格数必须与精播机配套使用。目前我国机械化育苗程度低，使用的育苗盘规格不一，有盘内分格的，也有盘内不分格的；有盘底有漏水孔的，也有盘底无漏水孔的。 穴孔的长、宽、深度规格从 1.5 cm×1.5 cm×2.5 cm 到 5 cm×5 cm×5.5 cm 不等。按穴孔数一般分为63孔、72孔、128孔等多种。

(二)容器育苗技术要点

1.配制育苗土

容器育苗用的育苗土应该适当增加有机质的含量，一般用熟化程度高的大田土40%~50%，腐熟有机肥增加至50%~60%。其他原料配方及相关处理与普通育苗土相同。使用时，先将育苗土装至七八成，然后播种盖土，注意上面预留部分空间，便于浇水。装土松紧应适宜，装土过松，容器中的土容易随着浇水后的水流流失，不利于培育壮苗；装土太紧，浇水不易下渗，容易积水、板结，影响育苗质量。

2.合理浇水

一般采用小水勤浇的方法，防止一次浇水过多，使容器中的育苗土、育苗基质和其中的营养大量流失，影响育苗质量。

3.适当追肥

育苗土是经过充分培肥的，幼苗期一般不进行追肥，但发现肥料不足时要及时补充肥料。追肥一般采用水肥一体化的浇施方法，即将速效化肥配成 0.2%左右的溶液，或者浓度较低的沤制好的有机肥溶液，结合浇水进行追肥。一般每隔 7~10 天追肥 1 次，连续追肥 3~5次。

容器育苗其他管理技术与普通育苗土育苗相似。

四、嫁接育苗技术

蔬菜嫁接是随着温室蔬菜栽培的发展而兴起的一项农业新技术，它首先是在越冬黄瓜上应用，现在已扩大到茄子、西瓜、番茄、甜瓜等蔬菜。目前露地蔬菜栽培中也已广泛应用。

(一)嫁接方法

蔬菜的嫁接方法主要有靠接法、插接法和劈接法。

1.靠接法

靠接法是将蔬菜苗与砧木的苗茎靠在一起，使两株苗通过苗茎上的切口互相咬合，而形成一株嫁接苗的嫁接方法（图 3-1）。靠接法具有嫁接苗成活率高、嫁接苗管理容易、管理要求不严格、嫁接技术容易掌握的优点。

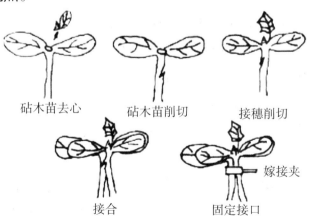

砧木苗去心　　砧木苗削切　　接穗削切

接合　　固定接口　　嫁接夹

图 3-1　蔬菜靠接法示意图

(1)瓜类蔬菜靠接技术

该嫁接方法要求接穗苗与砧木苗的苗茎大小相近，砧木真叶开始展开时，接穗在 1 叶 1 心期嫁接。具体嫁接方法是：取砧木苗，用小刀把砧木的生长点连同真叶由叶片基部切除，然后，用小刀距子叶 0.5 cm 处由上向斜下方在砧木茎上切一小口，切口深度为苗茎的 2/3，这时再取蔬菜苗，用小刀在距子叶 1 cm 的苗茎上，由下向斜上方切一小口，切口深度为苗茎的 2/3，切口切好后，将蔬菜苗和砧木并在一起，把两棵苗茎上的切口斜插结合在一起，用一个塑料夹子轻轻将接口夹牢固定。

(2)茄果类蔬菜靠接技术

该嫁接方法要求砧木苗与接穗苗的苗茎大小相近。砧木苗高 15 cm，5 片叶片左右；接穗苗高 13 cm，3 片叶片左右；砧木一般比接穗提早 6 天左右播种。砧木切口选在第 2 片真叶和第 3 片真叶之间，切口由上到下角度为 30°~40°，切口长 1~1.5 cm，宽为茎粗的 1/2，同时将接穗连根拔起，在接穗和砧木切口相匹配的部位自上而下斜切，角度、长度、宽度同砧木切口，然后把接穗的舌形切口插入砧木的切口中，使两切口吻合，并用嫁接夹固定好。

2.插接法

此嫁接方法主要在瓜类蔬菜上应用，砧木比接穗早播 5 天左右，接穗幼苗子叶展平，砧木幼苗第一片真叶长至 5 分硬币大小时为嫁接适期，嫁接时砧木去掉生长点。用削尖的竹签尖端紧贴砧木子叶基部的内侧，沿子叶着生方向，向另一子叶的下方斜插，插入深度为 0.5 cm 左右，不可穿破砧木表皮。用刀片在与子叶垂直一侧，距离子叶下约 0.5 cm 处入刀，向下斜切 1 刀，切面长 0.5~0.7 cm，同样在接穗另一侧切一更小的切面，刀口要平滑。接穗削好后，即将竹签从砧木中拔出，并插入接穗，插入的深度以削口与砧木插孔齐平为好，嫁接处用嫁接夹固定。如图 3-2 所示。

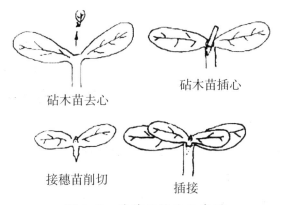

砧木苗去心　　　砧木苗插心

接穗苗削切　　　插接

图 3-2　蔬菜插接法示意图

3.劈接法

该嫁接方法主要应用于苗茎实心的茄果类蔬菜嫁接。茄子木质化程度高，用劈接法简便、成活率有保证。嫁接适宜时期：砧木 4~6 片真叶，接穗 3~5 片真叶，茎半木质化，茎粗 3~5 mm 时为适宜嫁接期。一般要求砧木提早播种，如茄子嫁接砧木提前 7~15 天播种；CRP 提前 20~25 天；赤茄提前 25~30 天；番茄砧木提前 5~7 天播种。嫁接时先用刀片在砧木茎高 4 cm 处平切去上部，保留 2 片真叶（番茄保留 1 片真叶），然后用刀片在砧木茎断面中间垂直向下切入 1~1.5 cm 深的切口；接穗保留 2~3 片真叶切断，削成楔形，削面长度与砧木切口深度一致，及时将削好的接穗插入砧木切口中，对齐后用嫁接夹固定好即可。如图 3-3 所示。

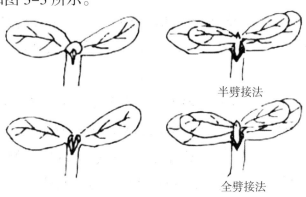

半劈接法

全劈接法

图 3-3　蔬菜劈接法示意图

(二)砧木的选择

砧木应首先选择与嫁接的蔬菜有较强亲和力、根系发达、生长稳定和健壮的植物品种，同时还应适应当地环境条件，对不良环境抵抗力强，如抗寒、抗旱、抗盐碱、抗土壤传染病害能力强。

(三)嫁接后的管理

嫁接后的苗要及时种植、浇水，采取遮阳、遮光、加湿、保温等措施，促进嫁接苗成活。

1.保湿

嫁接后前 5 天内相对湿度保持 95%以上，嫁接后 5 天相对湿度保持 85%~90%。为了保持前期相对湿度，除小拱棚及育苗容器内浇足水外，还可在小拱棚摆满嫁接苗后，从棚内四周或育苗容器外浇55 ℃左右的适量温水，然后立即扣膜封棚产生蒸汽，提高棚内湿度。6 天后逐渐换气降湿，7 天后要使嫁接苗逐渐适应外界条件，早晨和傍晚温度较高时逐渐增加通风换气时间和换气量。10 天后恢复普通苗床管理。

2.保温

小拱棚内前 5 天白天温度控制在 25~30 ℃，夜间温度控制在 18 ℃左右，高于 30 ℃应及时通风遮阳降温，低于 15 ℃时应适当加温。后5天适当降温，白天 23 ℃，夜间 15 ℃，高于 28℃通风降温，低于 12 ℃时适当加温。嫁接苗要加强管理，每天午后气温升高时，应视气候、环境条件及苗情，适时采取措施，保持适宜的生长环境。

3.遮阳

嫁接苗可接受弱散光，但不能接受阳光直射。嫁接苗的最初 1~3天内应完全密闭苗床棚膜，并覆盖遮阳网或草帘遮光，以免高温和直射光引起萎蔫。3 天后早上或傍晚揭去棚膜上的覆盖物，逐渐增加见光时间，7 天后在中午前后强光时遮光；10 天后恢复到普通苗床的管理。遮光时间过长，会影响嫁接苗的生长。

4.通风

嫁接 3~5 天后，从小拱棚顶端开口通风，并逐渐扩大通风口，逐渐延长通风时间，温度过高时，应遮阳加大通风。通风时应注意观察苗情，若出现萎蔫，应及时遮阳喷水，停止通风。苗期通风要防止通底风、通透风，更应防止久扣不放风或通风过急、大揭大放。

5.及时断根除芽

靠接苗 10~15 天后，用刀片割断接穗苗根部以上的茎，注意观察，出现萎蔫时应及时遮阳保湿。嫁接时砧木的生长点虽已被切除，但在嫁接苗成活生长期间，在子叶节接口处会萌发出一些生长迅速的不定芽，与接穗争夺营养，要随时切除这些不定芽，保证接穗的健康生长。切除时做到不损伤子叶和不动接穗。

第四节　蔬菜定植

一、定植前准备工作

(一)整地施肥

1.整地

通过对耕地的耕翻、耙糖、整理，改善土壤理化性状，活跃土壤微生物，减轻病虫杂草危害，提高地力，创造适于种子发芽和蔬菜生长发育的条件。

2.施基肥

基肥主要包括有机肥和化肥。有机肥主要有鸡粪、猪粪、牛粪、羊粪、生物有机肥、饼肥、油渣等，有机肥施用前必须充分腐熟。一般露地栽培每亩施用有机肥 3 m³ 以上，饼肥、油渣一般每亩施用 50~100 kg。化肥主要有钙镁磷肥、钾肥、复合肥、氮肥和微肥等。每亩一般需钙镁磷肥 5~50 kg，硫酸钾 15~20 kg，复合肥 20~30 kg，尿素 25~40 kg。微肥主要有硫酸亚铁、硼砂（或硼酸）、硫酸锌、钼酸铵等。

(二)做畦起垄

1.做畦

露地蔬菜冬春季一般采用东西向做畦，以利于保持畦内温度；夏季一般采用南北向做畦，有利于田间的通风透气，降低温度；地势倾斜的地块，应以有利于保持土壤水分和防止土壤冲刷为原则来确定畦向。要求土壤细碎、畦面平坦、土壤松紧度适宜、疏松透气。耕翻和做畦过程中适当镇压，避免土壤过松、孔隙多而且大、浇水时造成畦面塌陷，影响浇水和蔬菜生长。

2.起垄

一般垄底宽 60~70 cm，顶部稍窄，高 15~20 cm 左右，垄间距根据蔬菜种植的行距而定。垄畦的适用范围较广，目前多用于株型较大且适于单行种植的蔬菜，如大白菜、大型萝卜、结球甘蓝等。设施蔬菜栽培为便于控制土壤湿度和进行地膜下浇水，也适宜采用垄畦栽培。

二、定植时期和定植密度

(一)定植时期

蔬菜播种期要根据蔬菜种类、品种特性、气候条件、栽培方式和市场因素等确定。露地栽培蔬菜要考虑蔬菜对气候条件的要求，原则上应把产品旺盛生产期安排在气候最适宜的月份，从市场因素考虑要把产品旺盛生产期安排在市场供应的淡季。甘蓝、白菜、洋葱等耐寒及半耐寒的蔬菜一般在春季土壤解冻后，10 cm 以下土壤的土温在 5~10 ℃时就可以定植；茄果类、瓜类、菜豆等喜温蔬菜只要在土壤和气候适宜的情况下，均应早定植为宜，定植时 10 cm 的土壤温度应不低于 10~15 ℃。春季栽苗应选无风的晴天进行，因为晴天气温和土温较高，有利于还苗；夏秋季应选阴天无风的日子，避免烈日暴晒；一般的天气，下午定植比上午定植好。

（二）定植密度

定植密度因蔬菜的种类、品种、栽培管理水平、气候条件等不同而异。一般来说，蔓生蔬菜定植密度应小，直立生长或支架栽培蔬菜栽培密度应大；丛生的叶菜类和根菜类密度宜小；早熟品种或栽培条件不良时，密度宜大；晚熟品种或适宜条件下栽培的蔬菜密度宜小。

（三）定植深度

黄瓜、洋葱等宜浅栽，不能超过 3.3 cm，大葱可以深一些，番茄可以栽至第一片真叶下，这样更易于促进茎不定根的生长。北方春季土温低，定植不宜过深，否则发根慢；潮湿地区不能定植过深，以免下部根腐烂。

第五节　蔬菜田间管理

一、追肥

（一）追肥的种类

追肥一般使用速效性的化肥和腐熟良好的有机肥。追肥量应根据基肥的多少、作物营养特性及土壤肥力的高低等进行确定。

（二）追肥技术

1.水肥一体化技术

水肥一体化技术是利用灌溉系统，将肥料溶解在灌溉水中，根据作物需水、需肥特点，同步进行灌溉、施肥，适时、适量满足作物对水分和养分需求，实现水肥同步管理和高效水肥耦合的现代节水农业新技术。

（1）灌溉制度的确定

依据作物的需水规律、降水情况及土壤墒情确定灌水时期、次数和灌水量。一般每次控制灌水量每亩 20~30 m³。

（2）施肥制度的确定

根据种植作物的需肥规律、地块的肥力水平及目标产量确定总施肥量、氮磷钾比例及底肥、追肥的比例。做底肥的肥料在整地前施入，追肥则按照不同作物生长期的需肥特性，确定其次数和数量，再根据蔬菜生长发育期特点，拟定各生长发育期具体的施肥量。

(3)施用肥料的选择

水肥一体化使用的肥料品种必须是符合国家标准或行业标准的可溶性肥料，如尿素、硫酸铵、硫酸钾、氯化钾等，要求纯度较高，杂质较少，溶于水后不会产生沉淀，最好选用水溶性肥料。追施补充微量元素肥料，一般不能与磷素同时使用，以免形成不溶性磷酸盐沉淀。一般可将微量元素肥料作为叶面喷施。

2.测土配方施肥技术

测土配方施肥就是根据耕地肥力、植物需求、肥料种类，科学合理地提供作物从种到收一生中对肥料的需求，做到合理施肥不浪费，同时补充作物收获后从耕地中带走的养分，保证连续种植耕地力不降的一种施肥技术。测土配方施肥一般由专业机构完成，技术路线包括以下7项工作：

(1)野外调查

通过广泛深入的野外调查和取样地地块农户调查，掌握耕地立地条件、土壤理化性状与施肥管理水平。

(2)土壤测试

测土是制定肥料配方的重要依据，一般每100~200亩（丘陵山区30~80亩、平原区100~500亩）左右耕地采集1个土样。对采集土壤样品进行分析化验，并根据需要开展植株、水样分析，为制定配方和田间校正试验提供基础数据。另外，选择有代表性的采样点，对测土配方施肥效果进行跟踪调查。

(3)田间试验

按农业部《测土配方施肥技术规范（试行）》要求，布置田间"3414"试验和校正试验，摸清土壤养分校正系数、土壤供肥量、农作物需肥规律和肥料利用率等基本参数，对比测土配方施肥效果，验证和优化肥料配方。通过开展田间试验，建立不同施肥区主要作物的氮磷钾肥料效应模型，确定作物合理施肥品种和数量，基肥、追肥分配比例，最佳施肥时期和施肥方法，建立施肥指标体系，为配方设计施肥建议卡制定及施肥指导提供依据。

(4)配方设计

组织有关专家，汇总分析土壤测试和田间试验数据结果，根据气候条件、土壤类型、作物品种、产量水平、耕作制度等差异性，合理划分施肥类型区。审核测土配方施肥参数，建立施肥模型，分区域、分作物制定肥料配方和施肥建议卡。

(5)配肥加工

依据配方，以各种单质或复混肥料为原料生产或配制配方肥。农民按照施肥建议卡所需肥料品种科学施用，招标认定肥料企业按配方加工生产配方肥，建立肥料营销网络，向农民供应配方肥，农技部门指导施用。

(6)示范推广

建立测土配方施肥示范区，树立样板，展示测土配方施肥技术效果。做到技术人员培训到户、指导到田，使广大农民逐步掌握合理的施肥量、施肥时期和施肥方法。

(7)效果评价

通过及时获得农民反馈的信息，对测土配方施肥的实际效果进行评价，从而不断提高和完善测土配方施肥技术。

二、灌溉

(一)灌溉原则

1.根据天气情况

根据季节、气候变化，特别是雨量分布特点来决定灌溉与否，雨季少灌水或排水，旱季以灌水为主，低温期少灌水，并在晴暖天中午浇水，高温期勤浇水，并于早晨或傍晚浇水。

2.根据不同生长发育期

种子发芽期需水多，播种要灌足播种水。地上部功能叶及食用器官茂盛时需水多，要留意灌水。根系生长为主时，水分不能过多，以中耕保墒为主，通常少灌或不灌，促进根系生长；始花期既怕水分过多，又怕过于干旱，一般少灌勤灌；食用器官接近成熟时期一般不浇水，以免延迟成熟或造成裂球裂果。

3.根据植株生长状况

依据叶片的形态变化和色泽深浅、茎节长短、蜡粉厚薄等，判别是否要灌水。如露地黄瓜，如果早上叶片下垂，中午叶片萎蔫严重，黄昏不易恢复时，说明缺水，要及时灌水。外表蜡粉增加、叶片脆硬时说明缺水，要合理浇水。

4.根据土壤情况

保水性能差的土壤应勤浇，并注意浇水后中耕，切断耕层与地下部的水分交换；对于易积水的地块，宜采用排水深耕方法；盐碱地要勤浇水、浇大水，防止盐碱上移。

(二)灌溉方法

蔬菜品种多，栽培方法及栽培时期不同，各地气候条件也有差别，必须用多种灌溉方法才能满足要求。现重点介绍垄（膜）作沟灌技术和膜下滴灌技术。

1.垄（膜）作沟灌技术

垄作沟灌是结合整地施肥将土地表面由平面型整理成垄沟型，在垄上种植作物或垄上覆盖塑料地膜后种植作物，改传统的大水漫灌为垄沟灌溉的耕作灌溉技术。其优点是简单易行，节水保水，易于控制灌水量，适用于大面积蔬菜生产。

2.膜下滴灌技术

膜下滴灌是滴灌技术和覆膜种植技术的有机结合，利用低压滴灌管道系统（滴灌系统一般由水源工程、首部枢纽、输配水管网、滴头及控制、量测和保护装置等组成）将输水管内的有压水流通过滴头，点状、缓慢、均匀、定时、定量地浸润作物根系最集中发达的区域，使作物主要根系活动区的土壤始终保持在较优含水状态的灌溉方式。滴灌可根据作物不同生长发育期需肥规律，将可溶性化学肥料溶于灌溉水中，结合灌溉实现定量、定额灌溉、精准施肥。生产中一般在作物种植行铺地膜，将滴灌带（管）置于地膜下。

三、植株调整

蔬菜植株调整技术是通过摘心、整枝、疏花、疏果、摘叶、压蔓、绑蔓、落蔓、搭架等操作，来控制蔬菜的营养生长和生殖生长，协调其相互关系的技术。

(一)搭架

有些蔬菜作物的蔓不能直立，需进行支架栽培。如黄瓜、番茄、菜豆和山药等蔬菜，只有通过搭架才能改善田间通风透光条件。搭架一般在倒蔓前或初花期进行。架竿固定要牢固，插竿要远离主根 10 cm 以上，不要插伤根系，中耕管理应在搭架前完成。搭架的形式主要有人字架、单柱架、锥形架、直排架、棚架等。

(二)藤蔓蔬菜的处理

1.引蔓

藤蔓较柔软，或有一定攀缘性，只需要把蔓引到支架上，它就可以沿着架条向上生长，如豇豆、菜豆、苦瓜等。

2.绑蔓

有些作物的藤蔓依附架材的能力不强。因此需要人工将茎蔓捆绑在架条上，促进植株向上生长，如番茄、黄瓜等。注意不要绑得太紧，要留有余地，因为植物的茎蔓还将不断生长增粗。

3.顺蔓和压蔓

顺蔓是指蔓性蔬菜如南瓜、冬瓜、西瓜等爬地生长时，地面上的蔓每隔一定距离压以土块，使茎蔓定向生长，以便管理，并能使植株受光良好，促生不定根，以增加吸收能力，防止茎蔓和幼果被风吹损。

(三)整枝

通过枝条的去留，调整植株营养器官与生殖器官的比例，有利于植株养分积累、形态建成和器官分化。在整枝中除去多余的侧枝或腋芽称为抹芽（或打杈），除去顶芽称为摘心（或打顶）。整枝的方法应以蔬菜的生长和结果习性为依据。以主蔓结果为主的蔬菜（如早熟黄瓜、西葫芦等），应保护主蔓，摘除侧蔓；以侧蔓结果为主的蔬菜（如甜瓜、瓠瓜等），应及早摘心，促进侧蔓生长，提高产量；主、侧蔓均能正常结果的蔬菜（如冬瓜、西瓜、南瓜等），应留主蔓去侧蔓，小果型品种则留主蔓并适当选留强壮侧蔓结果。整枝方式与栽培目的也相关，如番茄可以进行单干整枝、双干整枝、三干整枝，而西瓜也可以进行三蔓或四蔓整枝。

(四)摘叶和束叶

1.摘叶

摘叶是在植株生长的中后期，摘除植株下部各层的老叶片，或植株徒长后，摘除部分冠层内功能叶。通过摘叶可以增强群体通风透光性，减少病虫害。摘叶的基本原则是摘黄不摘绿，摘病不摘健，摘内不摘外，分次摘除。

2.束叶

束叶就是用绳子将蔬菜的叶片尖端聚集在一起后捆绑起来。束叶可为植株内部创造弱光的环境，促进心叶、内部叶片、花球等软化。外叶对内部叶片有保温作用，可预防冻害，保持植株间良好的通风透光性，加大空气流通，预防病害，方便田间作业。束叶适宜在生长后期进行。如花椰菜花球充分膨大，结球白菜已充分灌心，或温度降低，光合作用很微弱时进行束叶。束叶过早，产品尚未充分发育，会使质量变差，产量降低，严重时还会造成叶球、花球腐烂。

(五)疏花疏果

疏花疏果是指适时摘除蔬菜花或果的田间管理措施。如大蒜、马铃薯、百合等蔬菜，摘除花蕾有利于地下产品器官的肥大。番茄、西瓜等蔬菜作物，摘除早期畸形、有病或机械损伤的果实，有利于后批果实的发育。茄果类蔬菜、豆类蔬菜、瓜类蔬菜，及时采摘果实，可以延长植株的营养生长期，可促进多结果实，增加产量。

四、化学调节

化学调节主要是指应用植物生长调节剂调节植物生长。

(一)植物生长调节剂的应用

1.打破休眠

蔬菜在播种前用 50 mg/L 的萘乙酸溶液浸种 6 h 左右，可促进发芽。一些喜冷凉蔬菜，如芹菜、莴苣和菠菜等，夏秋季播种前催芽比较困难，若用 5~20 mg/L 浓度的赤霉素溶液浸种 2~4 h，发芽率可提高到 70%。秋播马铃薯，在种薯切块时用 0.5~1 mg/L 赤霉素溶液浸泡 10~30 min，可解除休眠。

2.促进生长

蔬菜生产中合理适量使用植物生长调节剂可促进增加产量。如芹菜收获前 2 周用 20~100 mg/L 赤霉素溶液叶面喷洒 2 次，同时加强肥水管理，产量可提高 30%左右；用 20 mg/L 萘乙酸溶液在黄瓜、茄子生长期每隔 10~15 天喷茎叶 1 次，共喷 3~4 次，可提早结果。

3.保花保果

使用植物生长调节剂可有效提高坐果率。如茄子可用 15~30 mg/L 浓度的 2,4-D 溶液蘸花；辣椒可用浓度为 5 mg/L 的萘乙酸溶液喷花；西葫芦在开花初期用浓度为 15~25 mg/L 的 2,4-D 溶液蘸花等可促进雌花分化，提高坐果率。

4.刺激生根

使用植物生长调节剂可促进新根萌发，提高成活率。如用浓度为

2000 mg/L 的萘乙酸溶液快速（2~3 s）浸泡甘蓝、大白菜的腋芽，然后置于温度为 20~25 ℃、相对湿度为 85%~95% 的环境中扦插培养，成活率达 90%。

5.抑制徒长

使用植物生长调节剂可抑制茎叶生长。如番茄育苗期间易徒长，可用浓度为 250~300 mg/L 的矮壮素溶液浇灌土壤，用药量为 1000 g/m²。

6.延长休眠

使用植物生长调节剂可抑制发芽，延长休眠时间。如洋葱、大蒜收获前叶片开始枯萎时，喷洒浓度为 2500 mg/L 的青鲜素后再收获，晾干后贮存，能延长休眠至 6 个月。

7.采后保鲜

使用植物生长调节剂可延长贮藏期。如大白菜收获前 7 天喷洒浓度为 25~50 mg/L 的 2,4-D 溶液，甘蓝收获前 5 天喷洒浓度为 100~250 mg/L 的 2,4-D 溶液，能减轻贮藏期脱帮，并能延长贮藏期。

(二)应用注意事项

蔬菜生长过程中合理、准确地使用植物生长调节剂可以达到增产、增效的效果，同时也应注意以下问题：

1.激素种类选择

每种植物生长调节剂都有一定的特性和作用，如果种类选择不当，则达不到预期效果。例如，黄瓜在幼苗 3~4 片真叶时喷洒 100~200 mg/L 的乙烯利可促进多生雌花，提高产量。如果误选赤霉素，则会适得其反，造成减产。

2.浓度

植物生长调节剂对浓度要求十分严格，浓度不足或过高都不能发挥作用。同一种药剂，由于浓度不同，甚至可以产生完全不同的效果。以 2,4-D 的使用为例，浓度为 10~20 mg/L 时，可以促进番茄保花保果，刺激子房膨大。浓度为 1000~2000 mg/L 时，则可以杀死许多双子叶植物。因此，使用前必须详细阅读使用说明书，使用时严格按要求去做。

3.应用方法

植物生长调节剂的种类很多，应用的对象和目的不同，使用的方法也不同。常用的有溶液喷施法、溶液浸蘸法、土壤浇施法和粉剂沾蘸法等。应根据植物生长调节剂的种类、剂型和有效成分等，采用适宜的使用方法，只有方法得当，才能事半功倍。

4.用药部位

植物生长调节剂即使浓度相同，对于植株的不同器官作用也不相同。如 20 mg/L 的 2,4-D 溶液，对番茄花朵具有防止脱落的作用，但当 2,4-D 喷到嫩叶及嫩芽上时却易发生药害，就会导致幼芽、嫩芽弯曲变形。

5.用药时期

蔬菜不同生长发育期对植物生长调节剂的反应有很大差别，用药时期过早或过晚均达不到预期效果。如在采收前果实成熟期，用 100~500 mg/L 的乙烯利溶液喷洒尚未成熟的西瓜果实，可以提早5~7天成熟。如果处理过早，果实还没完全膨大，会影响产量；如果处理过晚，催熟效果不明显。

6.药物混用

几种植物生长调节剂之间，若混用不当会降低使用效果，甚至发生药害，造成减产。一般促进型与抑制型两大类植物生长调节剂相互之间有拮抗作用，不能混合使用，使用间隔时间也不能太近。此外，植物生长调节剂与农药的混合使用也要十分注意。一般植物生长调节剂都不能与碱性药剂混合使用。

五、中耕培土

(一)中耕的主要作用

1.消灭杂草

及时进行中耕除草，减少杂草与作物竞争水分、养分、阳光和空气，保护蔬菜在田间生长中占绝对优势，这是中耕除草技术应用的关键。

2.增加土壤透气性

从蔬菜栽培的角度来看，播种出苗后、下雨或灌溉后表土已干，天气晴朗时就应及时进行中耕。下雨或灌水后的中耕，可以破碎土壤表面的板结层，使空气容易进入土中，供给根系呼吸对氧气的需要。

3.增温保墒

冬季及早春中耕，土壤疏松，与空气接触面积增大，白天热量容易进入土壤中，土壤升温快，有利于提高土温，促进作物根系发育。同时因切断了表土的毛细管，因而减少毛细水的蒸发作用，从而起到保墒作用。

4.提高养分利用率

中耕可以改善土壤中水、热、气的状况，增强土壤微生物活动，促进有机物质的分解和释放，从而提高养分的利用率。

5.促进根系生长

中耕可改善土壤中水、热、气的状况，有利于根系的生长发育；中耕还会损伤一部分侧根，刺激根系重新长出许多新根和不定根，可扩大根系面积。

(二)培土

蔬菜的培土是在植株生长期间，将株间或行间的土壤分次培于植株的根部，这种措施往往是与中耕除草结合进行的。

1.培土的作用

多次培土后，在行间形成一条畦沟或垄沟，有利于田间灌溉；通过培土减少水分蒸发，达到增温保墒效果；促进植株基部生根；压草灭荒；大葱、韭菜、芹菜、石刁柏等蔬菜的培土，可以促进植株软化，提高产品品质。对马铃薯等块根蔬菜的培土，可以促进地下茎的形成，提高产量。此外，培土可以防止植株倒伏，具有防寒、防热等多种功效。

2.培土要求

应根据蔬菜的生长状况及田间杂草情况，分次培土；培土的高度要适宜，不要覆盖心叶和功能叶；用干净的细土培土，不用大土块、石块或杂草较多的土培土；培土时适宜的土壤湿度是半干半湿，过干和过湿均不利于培土操作，导致培土的质量差。

第四章 露地主要蔬菜高效 优质安全栽培技术

第一节 白菜类蔬菜

白菜类蔬菜属十字花科芸薹属植物，包括白菜、芥菜、甘蓝三个种。生产上栽培的白菜类蔬菜主要有大白菜和小白菜等；芥菜类蔬菜主要有叶用芥菜（雪里蕻）、茎用芥菜（榨菜）、根用芥菜和籽用芥菜等；甘蓝类蔬菜主要有芥蓝、结球甘蓝、花椰菜、抱子甘蓝、羽衣甘蓝、球茎甘蓝等。

一、大白菜

大白菜又叫结球白菜、黄芽菜或包心白，属十字花科二年生植物，原产于我国，是我国特产之一，栽培历史悠久，产量高。我国南北方都有大白菜栽培，特别是北方栽培量很大。大白菜适应性广，病虫害较少，耐贮运，营养丰富，既可鲜食，又能加工腌渍，是秋季生产、冬季上市最主要的蔬菜种类。大白菜营养丰富，含有丰富的纤维素，有"菜中之王"的美称。

(一)对环境条件的要求

1.温度

大白菜喜冷凉湿润气候，属半耐寒蔬菜，生长期间适宜温度为10~22 ℃。除耐热夏大白菜品种以外，一般不耐30 ℃以上的高温，气温持续在23~25 ℃以上，生长缓慢，包心松散，易感染病毒病和霜霉病；10 ℃以下生长缓慢，5 ℃以下停止生长，能适应0~-2 ℃的低温，当温度降至-2~-5℃受冻害。耐轻霜不耐严霜。大白菜为种子春化型，2~10℃的低温10~20天即可通过春化阶段。

2.光照

大白菜对光照要求不严格，属弱光植物，光照过强对生长不利。日照长有利于叶片的展开，日照短有利于叶片的直立抱球。

3.水分

大白菜叶片多，面积大，一般苗期较耐旱，营养生长期需要水分多，开花结荚期喜空气干燥的晴天。适时适量地供水，是大白菜优质高产的必要条件。

4.土壤和养分

大白菜适宜于在土层深厚、富含有机质的壤土、沙壤土或轻黏壤土上栽培，土壤的酸碱度以中性为好。生长期需要大量的氮、磷、钾肥。据测定，大白菜对氮、磷、钾吸收的比例为1:0.35:0.79。从发芽期到莲座期需氮肥最多、钾肥次之、磷肥最少；结球期需钾肥最多、氮肥次之、磷肥最少。为防治生理病害，大白菜在营养生长期还需施用适量的硼、钙、锰等微肥。

(二)类型和品种

1.大白菜的类型

根据大白菜进化过程以及叶球形态和生态特征，大白菜分为散叶、半结球、花心和结球4个变种，其中结球变种的3个生态型如下。

(1)卵圆形

叶球卵圆形，球顶尖或钝圆，球形指数为1.5。球叶呈倒椭圆形，抱合方式为褶抱或合抱。球叶数较多，单叶较小。该种适宜于温和湿润的海洋性气候栽培，抗逆性较差，对肥水条件要求严格，品质好。

(2)平顶形

又称"大陆性气候生态型"。叶球上大下小，呈倒圆锥形，球顶平，完全闭合，球形指数近于1。球叶较大，叶数较少，属叶重型。

适宜于气候温和、昼夜温差较大、阳光充足的环境，对气温变化剧烈和空气干燥有一定的适应性，对肥水条件要求较严格。

(3)直筒形

又称"交叉性气候生态型"。叶球细长圆筒形，球形指数在3以上，球顶尖，近于闭合。幼苗期叶披张，叶绿色至深绿色。球叶倒披针形，拧抱。

2.常用品种

(1)秋冬大白菜

栽培以冬季贮藏为目的，一般选用抗病性强、品质好、产量高、结球性好、耐贮藏、净菜率高、生长发育期85~110天的中晚熟品种，如北京新5号、山东4号、鲁白4号、丰抗90等品种。

(2)春夏大白菜

春夏大白菜品种主要有春夏王、四季王、优早55、阳春、强春、四季皇、春晓等。

(三)栽培季节与茬口安排

大白菜的营养生长时期宜安排在月平均气温5~22 ℃的时期，常利用幼苗有较强的耐热能力的特点，在气温较高月份播种，在气温逐渐下降的条件下生长结球。秋季是大白菜的主要栽培季节，播种时间要考虑品种特性和当地气候条件。西北地区一般在7月中、下旬播种。

白菜不宜连作，也不宜与其他十字花科蔬菜轮作。大白菜栽培主要接小麦茬，也可以接油菜、马铃薯等茬口。白菜的莲座叶很发达，一般也不与其他作物间作或套作。

(四)栽培技术

1.秋播大白菜栽培技术

(1)品种选择

秋播大白菜在秋冬上市，大部分贮藏后供秋冬食用，宜选用品质好、耐贮运、结球紧实、抗病性强、单株质量较大的中晚熟品种，也可根据市场需求选用生长期短的早熟种。

（2）播种和育苗

①播种期的确定

依据品种熟性早晚、上市时间确定播种期。甘肃省一般选择中晚熟品种，播种时间为 7 月中、下旬，播种过迟难以结球或结球不紧实，商品性差，产量低。

②选地、整地、施基肥

大白菜应实行 3~4 年轮作，可选择豆类、瓜类、茄果类、葱蒜类等作物的茬口。前茬收完后，每亩施优质腐熟有机肥 6000~8000 kg、磷酸二铵 20 kg、钾肥 10 kg。甘肃省秋播大白菜普遍采用高垄地膜覆盖栽培。垄宽依据品种熟性早晚而定，晚熟品种 65~75 cm，早熟品种 50~60 cm，垄高 12~15 cm。采用半高垄栽培，可改善土层透气性，降低病害，促进大白菜根系生长，有利于抗旱排涝。

③播种方法

大白菜一般采用直播和育苗移栽 2 种方法栽培。直播采用开沟或开穴浇水播种，每穴播种 3~5 粒，覆土厚度 1 cm。穴距晚熟品种 50 cm 左右，中早熟品种 45 cm。秋季生产为避免移栽伤根和缓苗困难，一般采取直播。育苗移栽有缓苗期，应比直播提前播种 3~5 天。

（3）田间管理

①苗期管理

间苗、补苗、定苗：播种后 7~8 天，幼苗拉十字时第一次间苗，间苗后结合浇水追施少量氮肥提苗。幼苗 4~5 片真叶时第二次间苗，去掉病苗、弱苗、杂苗，选留大苗、壮苗。露地间苗后要及时中耕除草培土。漏播或缺苗，应及时从苗密集处取小苗移栽补苗，不宜补种，以免幼苗长势差异太大。早熟种 6~7 片叶、中晚熟种 8~9 片叶时按株距要求定苗。

浇水、施肥：浇水时间及用水量应视土壤墒情而定，特别是在高温季节，幼苗不能缺水。定苗后视墒情采用大水小肥浇水，同时结合浇水每亩追施尿素 3~4 kg。每亩也可堆施腐熟饼肥 50 kg，或腐熟鸡粪 300 kg 或人畜粪尿 500~1000 kg。

②莲座期管理

中耕、蹲苗：露地封垄前中耕 2~3 次，中耕由浅到深，地面见干见湿进行蹲苗。菜苗叶色变深，叶片变厚，叶表面略有皱纹，中午有萎蔫，早晚能恢复，植株中心叶呈鲜绿色，表明达到了蹲苗目的，应及时浇水。

追肥：为了促进莲座叶旺盛生长，在团棵时重施一次发棵肥。一般每亩开沟埋施尿素 10 kg（或硫酸铵 25 kg 或三元素复合肥 10~15 kg）、过磷酸钙 10 kg、硫酸钾 10 kg。

浇水：追肥过后浇透水，以后保持土壤见湿见干，结球前 10~15 天浇 1 次大水，促进球叶生长。

③结球期管理

结球期是叶球增重和需水量最多的时期，约占生长期一半的时间。

浇水：蹲苗后，避免叶柄裂开和伤根，2~3 天后再浇一次大水，以后保持地面湿润，浇水时保持均匀，注意防止地面龟裂损伤根系。

追肥：结球期为促进高产，一般结合浇水追肥 2 次，分别在结球前期和中期。结球前期每亩追施尿素 10 kg（或硫酸铵 25 kg 或三元素复合肥 10~15 kg）、过磷酸钙 10 kg、硫酸钾 10 kg。采收前 20 天不再追施氮肥，避免叶球积累的亚硝酸盐和硝酸盐过多。另外，在结球期用 0.7%氯化钙和 50 mg/kg 萘乙酸混合液喷雾 2~3 次，可以促进结球并能起到防止干烧心的作用。

(4)收获

中早熟品种以鲜菜供应上市，叶球成熟即可上市。冬储大白菜在防止冻害的前提下尽可能延迟收获。收获前 7 天停止浇水，收获后在田间晾晒 2~3 天，至外叶萎蔫，并充分降温后储存。

2.春播大白菜栽培技术

(1)品种选择

由于春天的特殊气候特点，应选择冬性强、低温生长速度快、后期耐高温、生长发育期短、抽薹晚、抗病性强、适宜春季栽培的品种。

(2)播种和育苗

①播种期的确定

春播大白菜播种过早，温度低，容易通过春化阶段而抽薹开花；播种过晚，难以形成坚实的叶球。露地栽培一般要求日平均气温稳定通过 13 ℃时播种，各地应根据当地的气候条件和市场销售预期灵活掌握。旱作区没有灌溉条件的要根据春旱和 6 月以后降雨多的气候特点安排播种时间。

②选地、整地、施基肥

选择前茬为非十字花科作物的地块，播种或定植前深耕晒土，每亩施用腐熟优质农家肥 3000 kg，复合肥 50 kg，浅耕混匀土肥，平整后做垄，一般垄高 10~15 cm，垄距 50 cm。

③播种

播种量同秋播大白菜栽培技术。春播大白菜一般采用穴播，播种后覆盖地膜，出苗后视气温和苗情人工破膜放苗。

(3)田间管理

①间苗、补苗、定苗

春播大白菜生长期短，应适当密植，为提高产量，应及早补苗、定苗，一般定植密度为每亩 3500~4000 株。

②肥水管理

由于春播大白菜栽培前期温度较低，为提高地温，莲座前不灌水或少灌水，促进根系发育。结球期根据天气和土壤状况勤浇少浇。切忌大水漫灌，做到速灌速撤，不留残水，以防止软腐病的发生。包心后可加强肥水供应，每隔 10 天左右追施 1 次速效氮肥加磷钾肥，促进大白菜营养体迅速生长。

(4)收获

春播大白菜要适时收获，并及早拔除抽薹株。春播大白菜当结球达到80%~90%时，进入收获期。收获前7~10天应停止浇水，停止使用化学药剂。收获时可捏试白菜头部，结球度以稍微发软为最佳。

(五)大白菜生理障碍与防治

大白菜的主要生理病害为大白菜干烧心病，是一种主要因缺钙引起的病害，主要在大白菜包心期发病，贮存期间易受病菌侵染，引起腐烂，影响食用价值。

1.症状

发病大白菜外部正常，收获时不易被发现，贮藏后，在食用时用刀切开可发现内部叶片顶部叶缘逐渐干枯黄化，叶肉呈干纸状，叶脉暗褐色，病叶发黏，但无臭味。重病株叶片大部干枯黄化，根本无法食用。该病田间发生始于莲座期，新叶边缘干黄，向内侧卷，包心不紧，到结球期才显症，贮藏期达严重程度，重者整个心部腐烂发臭。

2.发病条件

由于大白菜在生长发育过程中，缺钙或没有得到足够的钙而诱发此病。盐碱地，浇工业污水，施用硫酸铵、碳酸铵过多，或施用不匀引起烧根，蹲苗时间过长，土壤缺水等均可导致白菜钙素缺乏，引发干烧心病。

3.农业防治

一是选用抗病耐病品种；二是合理施肥，增施发酵过的有机肥和钙肥，化肥分期分批追施，并控制氮肥用量；三是高畦直播，小水勤浇，畦面见湿见干；四是中耕松土，防止板结，改善土壤结构。

4.化学防治

分别在白菜幼苗期、莲座期和包心前喷洒0.7%硫酸锰，或每亩每次用450 g "大白菜干烧心防治丰"（农业部环保科研监测所），兑水5 L喷施。

二、结球甘蓝

结球甘蓝是甘蓝的一个变种，为十字花科芸薹属植物，简称甘蓝，又名卷心菜、包菜等，原产于欧洲地中海沿岸，具有耐寒、抗病、适应性强、易栽培、易贮耐存、产量高、品质好等特点。结球甘蓝在我国南北方各地普遍栽培，一年中可以多茬栽培，在蔬菜周年供应中起到重要作用。结球甘蓝含有大量的维生素 C、纤维素、碳水化合物及各种矿物质，适合任何体质的人长期食用。另外，结球甘蓝含有硫化物等防癌抗癌成分，与胡萝卜、花椰菜并称为防癌"三剑客"。

(一)对环境条件的要求

1.温度

结球甘蓝耐寒性与耐热性均强于大白菜，喜温和冷凉气候，较耐低温。最适宜生长温度为 15~25 ℃。一般发芽适温为 18~25 ℃，7~25 ℃适于外叶生长，结球期以 15~20 ℃为宜。成株能耐-5~-3 ℃的低温，甚至短时能耐-15~-10 ℃的低温，叶球能耐-8~-6 ℃的低温。结球甘蓝属于绿体春化型蔬菜，一般早熟品种长到 3 叶，茎粗 0.6 cm 以上，需时 30~40 天完成春化；中晚熟品种长到 6 叶，茎粗 0.8 cm 以上，需时 40~60 天；晚熟品种 60~90 天，温度在 10 ℃以下可通过春化阶段。温度在 2~5 ℃时，在较短的时期内即可通过春化阶段。

2.光照

结球甘蓝属长日照植物，其生长发育对光照要求不严格。

3.水分

适宜结球甘蓝生长发育的空气相对湿度为 80%~90%，土壤湿度为 70%~80%。

4.土壤和养分

结球甘蓝对土壤适应性强，从沙壤土到重壤土都能种植，在中性到微酸性的土壤中生长良好。结球甘蓝喜水肥，每生产 1000 kg 鲜菜需吸收氮 4.1~4.8 kg、磷 1.2~1.3 kg、、钾 4.9~5.4 kg。结球甘蓝对钙的需求量较多，缺钙易发生干烧心病。

(二)类型与品种

结球甘蓝依叶球形状和成熟期的迟早，可分为尖头、圆头、平头三个基本生态型和杂交品种。

1.尖头类型

叶球近似心脏形，顶部尖，多为早熟和早中熟品种，定植到叶球成熟约需 50~70 天。代表品种有牛心甘蓝、鸡心甘蓝等。

2.圆头类型

叶球圆球形，多为早熟和早中熟品种，从定植到收获约需 50~70 天，叶球紧实，外叶较少。代表品种有北京早熟、金亩84、山西1号等。

3.平头类型

叶球扁圆形，多为中熟或晚熟品种，从定植到收获需 70~100 天。代表品种有黑叶张家口茴子白、黄苗、小平头等。

4.杂交品种

20世纪50年代以后，日本及欧美一些国家广泛使用甘蓝杂交种。20世纪70年代以来，我国甘蓝杂种优势育种迅速发展，许多城郊一代杂种种植面积已占甘蓝总栽培面积的 40%~90%。当前优良的杂种有夏光、报春、庆丰、中甘11号等。

(三)栽培季节与茬口安排

早熟春甘蓝选用冬闲地，化冻后即可整地、作畦和定植。后茬可种植秋菜。也可同玉米、棉花、番茄或冬瓜间套作。夏甘蓝选耐热、抗病的中熟品种，3月下旬至5月初分批播种育苗，5—6月定植，7—9月收获。采用遮阳网和防虫网覆盖栽培。夏甘蓝前茬宜为生长期短的菠菜、越冬早春菜；后茬可靠作秋菜或接茬越冬菜。西北无霜期短的单主作区秋甘蓝栽培宜选用大型的晚熟品种，3月下旬至4月中旬在阳畦内播种育苗，5月下旬至6月下旬定植，9—10月收获。秋甘蓝适宜前茬为春菜和春夏菜。

(四)栽培技术

1.育苗移栽栽培技术

(1)品种选择

春甘蓝选择抗逆性强、耐抽薹、叶色绿、球形圆、商品性好的早熟品种。夏甘蓝选用抗病性强、耐热性好的品种。秋甘蓝选用优质、高产、耐贮藏的中晚熟品种。

(2)播种和育苗

①播种期的确定

甘蓝定植时要求地下 10 cm 处地温稳定在 5 ℃以上，最高气温稳定在 12 ℃以上。根据以上要求，结合当地气候条件及保护设施的性能，以拟定的定植期推算育苗时间，确定育苗播种期。

②播种

床土育苗播种前苗床灌足底水，水下渗后先覆 1/3 育苗营养土，再将种子按株行距 10 cm×6 cm 均匀点播于床面上，后将 2/3 的药土均匀盖在种子上，使种子上营养土厚度达 1.5~2 cm，然后在床面上覆盖地膜。穴盘育苗先在苗盘内装满育苗基质，轻度镇压并刮平盘面后，在穴格正中打 1.5 cm 左右深的孔，将种子播入孔内，然后用基质封孔，再轻度镇压并刮平盘面，用地膜裹严穴盘，将其整齐摆放在苗床上。

③间苗

幼苗 2 叶 1 心期间苗 1 次，土床苗间距 5~8 cm，穴盘苗每穴留 1 株，疏除病苗、弱苗。

④水肥管理

床土育苗幼苗子叶展平后宜喷洒少量水控水，并进行低温炼苗，定植前 7 天浇透水。穴盘育苗幼苗长出真叶后，用 0.05%尿素和 0.1%磷酸二氢钾混合溶液浇洒穴盘苗，每天 1~2 次。夏季育苗，气温太高可采取浇水、遮阴等方法降温。

(3)定植

宜选择 3~5 年未种过十字花科作物的地块。结合深翻地每亩基施优质腐熟有机肥 1500~~2000 kg、尿素 20~25 kg、磷酸二铵 10~15 kg、硫酸钾 20~25 kg。定植前 5~7 天起垄。先用齿距为等行 50 cm 的划行器划行，再用步犁沿划线中间向两边翻耕起弓形垄。也可用机械起垄，以提高功效。一般垄宽 50 cm，垄沟宽 30 cm，垄高 15~20 cm，垄面覆盖宽幅 70 cm 的地膜。选用苗龄 30~35 天、株高 10~15 cm、茎粗 0.5 cm 以上、5~6 片叶、片肥厚、蜡粉多、根系发达、无病虫害的壮苗，按穴距 35~38 cm，每穴种植 1 株，每亩定植 3500 株左右。在定植的同时，灌足定植水。

(4)定植后肥水管理

①缓苗期管理

定植后 10~15 天灌缓苗水，露地栽培及时中耕保墒，以后根据天气状况，适当灌水，以保持土壤湿润。

②莲座期管理

莲座前期应控制灌水，进行蹲苗，促进根系发育。一般早熟品种蹲苗 6~8 天，中晚熟品种蹲苗 10~15 天。蹲苗结束后结合灌水每亩追施氮肥 10~15 kg。莲座中后期应加强肥水管理，及时追肥灌水，追肥以氮肥为主，适当配合磷钾肥，防止过湿或干旱。

③结球期管理

结球期应适时灌水，保持土壤湿润。结球初期结合灌水每亩追施尿素 12~15 kg、磷酸二铵 10 kg、硫酸钾 10~15 kg，还可叶面喷施 0.2% 的磷酸二氢钾溶液 1~2 次。

(5)收获

根据甘蓝的生长情况和市场需求，坚实度达到 80% 时即可采收上市。采收后按市场和商品要求，及时进行处理，分级包装和储存运输。

2.直播栽培技术

(1)播种期的确定

春甘蓝一般在3月下旬至5月上旬播种,秋甘蓝一般在6月下旬至7月下旬播种。

(2)选地、整地、施肥

选择3~5年未种过十字花科作物的地块,整地前灌足底水,深翻土地20~30 cm,每亩施优质腐熟有机肥1500~2000 kg、尿素20~25 kg、磷酸二铵10~15 kg、硫酸钾20~25 kg。播种前起垄,垄高20 cm,垄宽60 cm,沟宽40 cm。

(3)播种方法

采用垄面穴播。按株距20~30 cm、行距50 cm在垄面穴播,每穴4~5粒种子,播后覆细土0.5~1 cm,并及时覆膜,每亩用种100~150 g。

(4)田间管理

①苗期管理

2~3片叶时进行第一次间苗,每穴留2~3株。间苗应在下午进行,同时去掉病株、弱株、杂株。当叶片长到5~6片叶子时,结合中耕定苗。如发生缺苗,应及时进行补栽。苗期应根据天气情况,适当灌水,以保持土壤湿润。灌水后结合中耕培土1~2次。植株封垄前进行最后一次中耕。

②莲座期管理

莲座前期若叶片生长过旺,应通过控制灌水而蹲苗,促进根系发育,增强抗逆性。一般早熟种蹲苗6~8天,中晚熟种蹲苗10~15天,结束蹲苗后要灌一次透水,结合灌水每亩追施氮肥10~15 kg。莲座中后期要加强肥水管理,及时追肥灌水,追肥以氮肥为主,适当配合磷、钾肥,防止干旱。

③结球期管理

要保持土壤湿润,适时灌水,结球初期结合灌水每亩追施氮肥

15 kg、磷酸二铵 10 kg、钾肥 10~15 kg。还可叶面喷施 0.2%的磷酸二氢钾溶液 1~2 次。

(5)收获

叶球紧实后及时收获，防止裂球。

(五) 甘蓝未熟抽薹原因及防治

1.症状

甘蓝植株在一定的温度和光照条件下，不能继续长叶结球，而抽薹开花的现象，在生产上叫作未熟抽薹或先期抽薹 (图 4-1)。

图 4-1　结球甘蓝未熟抽薹

2.发病原因

一是冬性不强的秋播品种，做春季早熟栽培；二是苗期遇到一定时间的低温，通过了春化阶段；三是苗期干旱，管理不当；四是结球期高温干旱；五是采收过晚。

3.防治措施

选用适宜春季早熟栽培的品种，确定适宜播种和定植时期，早春早熟栽培遇到倒春寒，要采取保护措施，防止低温春化。若发生未熟抽薹可去除顶芽，促使叶芽发育结小球。定苗后加强肥水管理，防止高温干旱和缺肥导致的未熟抽薹。当叶球达到一定大小和相当充实度后就应及时采收，防止抽薹。

三、花椰菜

花椰菜又称为菜花，为十字花科芸薹属甘蓝种中以花球为产品的一个变种，19世纪中叶传入我国南方，最早在广东、福建、台湾等地栽培。花椰菜品质细腻，营养丰富，味道鲜美，常吃可增强肝脏解毒能力，提高机体免疫力，预防感冒和坏血病的发生。

(一)对环境条件的要求

1.温度

花椰菜为半耐寒性蔬菜，既不耐炎热又不耐霜冻，耐热和耐寒能力均不如结球甘蓝，生长适宜温度范围比较窄，为17~20 ℃。25 ℃时种子发芽最快，幼苗生长适宜温度为20~25 ℃，花球形成期适宜温度17~18 ℃。0 ℃以下易受冻害，25 ℃以上形成花球困难。叶丛生长与抽薹开花要求温暖，适宜温度为20~25 ℃。花球形成需经过低温春化阶段。

2.光照

花椰菜对光照条件要求不严格，喜光稍耐阴。叶丛生长要求较强的光照与较长的日照时间；花球形成期忌阳光直射，否则花球变黄、松散，品质变劣。

3.水分

花椰菜对水分要求严格，既不耐旱又不耐涝。土壤干旱则植株矮小，过早形成小花球；土壤水分过多，会造成通气不良，影响生长。

4.土壤条件

花椰菜对土壤的适应性强，适宜在土质疏松、排灌良好的地块生长。花球形成期需要较多的磷、钾肥。花椰菜对缺素比较敏感：缺钾易诱发黑心病；缺硼时易引起花球中心开裂，花球变锈褐色，味发苦；缺镁时叶片变黄。

(二)类型与品种

1.花椰菜

花椰菜有早熟、中熟、晚熟与四季品种等。

(1)早熟品种

定植后40~60天成熟，花球质量为0.3~1.0 kg，冬性较弱。主要品种有京研 45 号、龙峰特大 60 天、日本雪山、夏雪 50 等。

(2)中熟品种

定植后 70~90 天成熟，花球质量为 1.5 kg 左右，冬性较强，较耐热。主要品种有荷兰雪球、福农 10 号、雪莲等。

(3)晚熟品种

定植后 100~120 天成熟，花球质量为 1.5~2.0 kg 左右，耐寒性和冬性都较强。主要品种有龙峰特大 120 天、兰州大雪球、申花 5 号等。

(4)四季品种

主要为春季栽培，生长期与中熟品种相似，约 90 天成熟，生长势中等，单球质量为 1.5 kg 左右，耐寒性强。主要品种有瑞士雪球、法国雪球等。

2.青菜花

目前我国栽培的青菜花大都从国外引进，主要有"优秀""绿岭""里绿""福特"等品种。

(1)"优秀"

"优秀"青菜花是从日本引进的早熟品种。植株形态稍微直立，大小适中，侧枝少，可适当密植。形成的花球紧密，花蕾小，单株球质量为 350~400 g，从播种到收获需要 90~95 天。适宜春秋露地栽培或温室栽培。

(2)"里绿"

"里绿"青菜花是从日本引进的早熟品种。长势中等，生长速度快，叶片展开度小，侧枝发生能力弱，为顶花球专用品种。抗病力及耐热力都很强，不耐寒，是夏秋栽培的好品种。形成花球紧密质量好。主茎花球质量为 300~400 g。

(3)"福特"

"福特"青菜花是从美国引进的偏晚熟品种。从播种到收获需 140 天左右，生长时间长，花球大，品质好，风味佳，很受消费者欢迎。

(三)栽培季节与茬口安排

花椰菜的播种、育苗与栽培季节因地区、品种特性而不同。甘肃省种植以春季和秋季两个季节为主。春季 2 月上、中旬在保护地内育苗，3 月底、4 月初定植到露地；秋季 7 月上、中旬育苗，10 月中、下旬收获。

(四)栽培技术

1.育苗移栽栽培技术

花椰菜育苗方法与结球甘蓝相似，但技术要求更精细些。

(1)品种选择

花椰菜种植品种繁多，要按种植季节选择抗病、适应性广、抗逆性较强、不易抽薹、优质高产、商品性好的露地栽培品种。

(2)播种期的确定

花椰菜可四季播种，播种期安排要充分考虑销售市场，尽可能在淡季上市。露地春茬花椰菜在 2 月下旬至 3 月上旬、二阴地在 4 月下旬播种育苗；露地秋茬花椰菜一般在 6—7 月播种育苗。

(3)育苗购苗

花椰菜育苗一般有床土育苗、穴盘育苗和工厂化育苗。床土育苗、穴盘育苗的人工配制营养土、消毒、苗床制作及苗期管理与甘蓝相同。目前生产推广农户一般到当地具有种子种苗生产经营许可证、信誉良好的企业、合作社、家庭农场购买商品苗种植。

(4)整地、施肥、定植

每亩施优质腐熟有机肥 5000~6000 kg、尿素 10~15 kg、磷酸二铵15~20 kg、硫酸钾 25 kg 做基肥，深翻土地 20 cm，精耕整地。幼苗 6~8 片叶，10 cm 地温稳定在 5 ℃以上，平均气温在 10 ℃时即可定植。花椰菜育苗栽培一般采用高垄覆膜栽培，行距 50 cm，株距 40~45 cm，即早熟品种密度为每亩 2800~4200 株，中晚熟品种为每亩 1600~3000 株。按行株距要求开沟或挖穴，坐水栽苗，也可栽植培土后立即浇水。

(5)定植后管理

①**缓苗期管理**

缓苗期要求白天温度 20~25 ℃，夜间温度 10 ℃左右。定植后及时灌透定植水，定植 3~5 天后灌缓苗水，露地中耕培土 1~2 次，可结合灌水每亩追施硫酸铵 10~15 kg。

②**莲座期管理**

莲座期白天适宜温度为 15~20 ℃，夜间温度 10 ℃左右为宜。莲座前期应通过控制灌水蹲苗，促进根系发育，增强抗逆性。莲座叶开始出现蜡粉，花球直径 2~3 cm 时灌 1 次透水，结合灌水每亩追施氮肥 10~15 kg。期间用 0.2%的硼砂溶液叶面喷施 1~2 次。莲座中后期要加强肥水管理，防治干旱，保持土壤湿度在 70%~80%左右。

③**结球期管理**

花椰菜花球生长的最适宜温度为 15~18 ℃。此时要适时灌水，保持土壤湿润，并结合灌水每亩追施腐熟人畜粪尿 1500~2000 kg，或尿素 5 kg、磷酸二铵 10 kg、钾肥 10~15 kg，中晚熟品种可增加 1~2 次追肥。还可叶面喷施 0.2%的磷酸二氢钾溶液 1~2 次。当花球直径约 3 cm 大小时进行束叶或折叶盖花，以保持花球洁白。

(6)收获

当花球充分肥大、表面平整、洁白鲜嫩、质地光滑、边缘花枝尚未展开、基部花枝略有松散时应及时采收。采收过晚，花球松散，降低商品价值。采收时用刀割下花球，适当留外叶以保护花球不被污染。贮运应符合无公害蔬菜技术标准。

2.直播栽培技术

(1)品种选择

根据种植季节选择抗病、抗逆性较强，不易抽薹、优质高产的适宜当地种植的优良品种。

（2）播种期的确定

露地直播在 4 月上旬至 7 月上旬均可。

（3）整地、施肥、播种

结合深翻每亩施优质腐熟有机肥 5000~6000 kg、尿素 10~15 kg、磷酸二铵 15~20 kg、硫酸钾 25 kg 等肥料做基肥，深翻土地 20 cm，精耕整地。播种前灌足底水，边起垄边播种，按株距 40~45 cm、行距 50 cm 在垄面穴播，播后覆盖细土 0.5~1 cm，并及时覆盖地膜。每亩用种 100~150 g。

（4）田间管理

幼苗 2~3 片叶时第一次间苗，每穴留 2~3 株。间苗应在下午进行，去掉病株、弱株、杂株。当叶片长到 5~6 片叶时，露地结合中耕进行第二次间苗即定苗。如发生缺苗，应及时进行补栽，并适时补水。植株封垄前进行最后一次中耕。结合浇水每亩施尿素 5~8 kg，追 1 次"提苗肥"。莲座期、结球期、采收收获与育苗移栽种植技术一致，可参照执行。

（五）花椰菜的生理障碍及防治

1. 早期现球

（1）症状

花椰菜早期现球表现为叶片数不够，植株矮小，营养生长结束过早，出现花球，花球长不大即开始抽花薹、花枝，开花结籽。

（2）发病条件

①低温

幼苗期长时间遭遇低温影响，花芽分化早，在植株叶簇很小时就形成小花球，在栽培中往往由于育苗过早、定植后遭遇低温而形成。

②苗期管理不当

不论春、夏育苗，育苗环境不良，管理不当，使幼苗生长不健壮，成为"小老苗"，过早由营养生长转入生殖生长，而早期结球。

③栽培管理粗放

裸根定植、缓苗期过长、栽培中期促控不当等，均会使植株生长缓慢、早衰，进而早现球。

④使用品种不当

使用秋季型品种其冬性弱，通过春化阶段要求温度较高，时间较短，春播时很容易满足其条件而形成小花球。

⑤使用陈种及不饱满的种子

陈种及不饱满的种子发芽率低，幼苗生长势弱，参差不齐，管理不当也很易早现球。

(3)防治措施

一是选择耕层深厚、富含有机质、疏松肥沃的壤土栽培，并施足基肥，促进营养器官发育。莲座期蹲苗后和花球形成期，及时追肥浇水。二是严格掌握品种特性，适期播种，培育壮苗。提前定植的需进行短期拱棚覆盖，避免低温时间过长出现低温春化现象。

2.散花

(1)症状

表现为花球松散，很快抽生花薹花枝（图4-2），失去商品价值。

(2)发病条件

结球期间温度过高，花球膨大受抑制，而花薹花枝生长迅速导致散

图4-2 花椰菜散花

花。结球后期花球长成后不及时采收也可致使花球继续发育抽生花薹、花枝形成散花，失去商品价值。

(3)防治措施

适期播种，将花球生长期安排在日均温15~23 ℃的月份，避免结球期间的高温影响。结球期间遇高温影响采取降温等农艺措施。在花

球充分长成、表面圆整、边缘尚未散开时及时采收。

3.青花与紫花

(1)症状

青花即花球上产生绿色小苞片、萼片等不正常现象，又叫"毛叶花球"；紫花是在花球表面形成红白不匀的紫色斑驳。

(2)发病条件

青花一般是因在花球形成期遭受连续高温天气或小气候高温形成。紫花是因花球发育期突然受低温影响而成。一般早春栽培容易发生紫花，幼苗胚轴为紫色的品种容易发生，采收过晚花球遇低温也容易发生紫花现象。

(3)防治措施

青花防治：应注意避免在花球形成期遭受高温影响，特别是幼苗后期缓苗阶段避免温度过高。紫花防治：结球期应加强管理，降温时采取简单的拱棚覆盖保护措施，秋季及时采收。

4.裂花与黑心

(1)症状

裂花即花球内部开裂，花枝内呈空洞状，花球表面常出现分散的水浸状褐色斑点，食之味苦，同时花球周围小叶发育不健全、叶缘卷曲，叶柄出现小裂纹、生长点萎缩等症状。黑心即花球内部变黑，失去食用价值。

(2)发病条件

裂花主要是由于土壤缺硼而导致的；黑心则由土壤缺钾造成。

(3)防治措施

花椰菜定植前，进行测土配方施肥，基肥中施入适量硼砂或硼酸。生长期间发现植株或花球表现缺硼或缺钾症状时，及时在叶面上喷施0.2%~0.3%的硼砂（或硼酸）溶液或0.2%的磷酸二氢钾溶液，5~7天喷1次，连喷3次即可。

5.毛花球

(1)症状

花球表面呈绒毛状，一般常在秋季栽培发生。

(2)发病条件

一般由花球发育中遇到高温而引起的进一步分化或采收过迟造成，为散花球的前期表现。

(3)防治措施

按品种特性选择当地最适宜品种栽培，并适期播种、定植和采收。

6.黄花球

(1)症状

花球变黄，花椰菜的商品价值大幅下降，尤以秋栽早熟品种发生较重。

(2)发病条件

由花球形成过程中出现的强烈日光照射引发。

(3)防治措施

花球长至直径 3 cm 时可将靠近花球的 1~2 片外叶轻轻折弯，使之覆盖在花球上。适时将植株中心的几片叶上端用稻草等捆扎起来束叶也是很好的防治措施。

四、白菜类蔬菜病虫害防治

白菜类蔬菜有共同的病虫害，主要病害有霜霉病、病毒病、黑斑病、软腐病、根肿等；虫害主要是蚜虫、菜青虫、甜菜夜蛾和小菜蛾等。病虫害发生后，既影响蔬菜质量又影响蔬菜产量，贮存期间易受病毒侵染，引起腐烂。

(一)病害

1.霜霉病

(1)症状

病害全生育期均可发生，为害叶、花及其种荚。叶片发病后呈角斑，色黄褐，叶背面产生白色稀疏霉层，最后叶片干枯变为褐色（图4-3）。花梗与种荚发病则为肥肿畸形。潮湿时病部表面出现白霉。冷凉高湿、天气阴晴交替时，易发生流行。

图 4-3　白菜霜霉病

(2)发病条件

霜霉病由十字花科霜霉病菌侵染所致。病菌主要通过风雨传播，喜温暖潮湿的环境，最适发病环境为日平均温度 14~20 ℃、相对湿度 90% 以上。甘肃省少雨地区，田间有高湿的环境条件也容易发病。莲座期至包心期易感病，播种过早、密度过大、偏施氮肥、田间排水不良偏重发生。如遇多雨、气温忽高忽低、昼夜温差大的环境条件，病害容易流行。

(3)防治措施

①农业防治

一是选栽抗病品种，适期播种，合理密植，一般中、早熟品种每亩种植 2500~3000 株，晚熟品种每亩种植 2000~2400 株；二是与非十字花科作物隔年轮作或水旱轮作；三是施足基肥，多施多元复合肥，做到平衡施肥。

②化学防治

一是进行种子消毒。播前用种子质量 0.1% 的 35% 甲霜灵，或保种灵（甲霜灵、福美双、甲基托布津按 8:2:1 比例混合）拌种，或用种子质量的 0.4% 的 50% 福美双拌种，可减少病菌初次侵染。二是发病初期，用 40% 乙膦铝锰锌可湿性粉剂 500~600 倍液或 58% 甲霜灵可湿性粉剂 800~1000 倍液或 65% 杀毒矾可湿性粉剂 500 倍液喷雾防治。病害严重时用 72.2% 普力克水剂 600~800 倍液或 70% 克露可湿性粉剂

600~800 倍液喷雾，每隔 7~10 天一次，连防 2~3 次。

2.病毒病

(1)症状

苗期受害，心叶叶脉失绿透明，以后出现花叶皱缩，植株矮小僵死。成株期受害，叶片呈皱缩花叶，发病重的花茎短、荚果弯曲、结实不良（图 4-4）。

图 4-4　大白菜病毒病

(2)发病条件

病毒病主要由芜菁花叶病毒等病毒种群和株系侵染所致。病毒主要通过蚜虫和汁液摩擦传染。白菜类蔬菜各生长发育期均可发病。高温、干旱、管理粗放、重茬、邻近有发病作物、肥料不足、生长不良等情况下发病严重。

(3)防治措施

①农业防治

选用抗病品种，种植前施足底肥，尽量采用直播的栽培方法。适时定植，剔除病苗、弱苗，及时小水勤灌，防止干旱。

②化学防治

一是在播种前及定植前后，分别防治蚜虫，切断传播途径。二是发病初期，及时喷洒 20%病毒 A 可湿性粉剂 500 倍液或 1.5%植病灵（Ⅱ）浮剂 1000 倍液或病毒力克乳剂 1000~1500 倍液，隔 10 天喷 1

次，连喷 2~3 次，应注意交替用药。

3.黑斑病

（1）症状

黑斑病又称黑霉病，主要危害白菜类蔬菜的叶片、叶柄、花梗及种荚。叶片感病多从外部开始，产生近圆形褐绿斑，外有晕圈，中有明显的同心花纹。后引起叶片穿孔或枯死。茎、叶柄和花梗染病，出现长梭形褐色病斑，有凹陷。种荚发病，出现近圆形灰褐色病斑。白菜类蔬菜黑斑病在湿度大时，生出褐色霉层，有别于霜霉病的白霉。

（2）发病条件

黑斑病由半知菌亚门格孢属真菌所致，常发生于连作、脱肥及生长弱的植株。病残体主要在种子、病残体及冬贮菜上越冬，春季借风、雨传播。气温 20 ℃以下、相对湿度大于70%时，发病严重。

（3）防治措施

①农业防治

因地制宜选择抗病品种，同时与非十字花科蔬菜实行 2~3 年的轮作，施足底肥，增施磷、钾肥，提高抗病力。

②化学防治

用种子质量 0.4%的 50%福美双可湿性粉剂拌种，或用 50~60 ℃的温水浸种 25 min，冷却晾干后播种。发病初期喷洒 40%克菌丹可湿性粉剂 400 倍液或 64%杀毒矾可湿性粉剂 500 倍液或 50%扑海因可湿性粉剂 1500 倍液，每隔 7~10 天喷 1 次，连喷 3~4 次。喷药时加入 0.2%磷酸二氢钾或过磷酸钙效果更佳。

4.软腐病

（1）症状

发病初期呈半透明水渍状，2~3 天后变成灰色或褐色，病部软腐后发出恶臭，并渗出黏液（图4-5）。

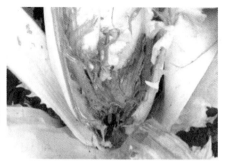

图4-5 大白菜软腐病

(2)发病条件

软腐病由欧氏杆菌属的细菌所致，多从伤口入侵。该病发生轻重与气候、茬口、播种期等有关，高温多雨、排水不良、偏施氮肥、水分管理不当、忽干忽湿、根毛易断、虫害伤口多等均有利于病害的诱发和流行，另外，播种过早、连作地块发病重。

(3)防治措施

①农业防治

一是合理轮作，避免连作，防止地表积水；二是深耕晒田，深沟高畦种植，避免偏施化肥；三是发现病株及时清除，带出田间销毁，并用生石灰对病穴消毒，防止传播；四是小水勤灌，切忌大水漫灌。

②化学防治

始发期可用72%农用链霉素可湿性粉剂3000~4000倍液或新植霉素4000倍液喷雾或灌根，每隔10天1次，连用2~3次。

5.根肿病

(1)症状

病株根部肿大呈瘤状，主根上的瘤多靠近上部，近球形，表面粗糙，有的在后期表皮开裂；侧根上的瘤多呈手指状；须根上的瘤往往串生在一起，多达几十个。发病后期，病部有时感染软腐病，造成组织腐烂，散发臭气。病株叶片色浅，凋萎下垂，晴天中午明显，严重的全株枯死。

(2)发病条件

根肿病由黏菌门根肿菌属真菌所致。病菌以休眠孢子囊在土壤中或黏附在种子上越冬，并可在土中存活6~7年。孢子囊借雨水、灌溉水、害虫及农事操作等传播。萌发产生游动孢子侵入寄主，经10天左右根部长出肿瘤。病菌在9~30℃均可发育，适温为23℃，适宜相对湿度为50%~98%。土壤含水量低于45%病菌死亡，一般低洼及水改旱田后或氧化钙不足发病重。

(3)防治措施

①农业防治

一是育苗移栽的蔬菜注意选用无病土育苗；二是及时排除田间积水，拔除病株，烧毁或深埋，不可遗弃在田埂或水渠里，病穴四周撒石灰消毒。

②化学防治

整地时在酸性土壤中每亩施100~150 kg石灰粉；或发病初期用15%石灰乳灌根，每株0.3~0.5 L；或用40%五氯硝基苯粉剂500倍悬浮液灌根，每株0.5 L；或每亩用药2.5 kg拌细土40 kg，开沟施于定植穴后再定植。

(二)虫害

1.蚜虫 (图4-6)

(1)为害特点

直接刺吸植物叶片、花蕾、新稍的汁液，使叶片褪色、卷曲、皱缩，甚至发黄脱落，容易形成虫瘿。蚜虫为害时排泄的蜜露易诱发煤污病，严重时，植株下多会出现滴油的现象，同时蚜虫间接引起多种病毒病。

图4-6 蚜虫

(2)发生规律

3月开始发生，5—8月发生严重，11月基本结束。

(3)防治方法

①农业、物理防治

黄板诱杀，或及时拔除田间杂草及病残体，降低虫口密度。

②化学防治

用20%氰戊菊酯乳油2000~3000倍液或2.5%溴氰菊酯乳油2000~3000倍液或10%吡虫啉可湿性粉剂1000~2000倍液或50%抗蚜威可湿性粉剂2000~3000倍液喷雾防治，应交替用药。

2.菜青虫（图4-7）

(1)为害特点

菜青虫又叫菜粉蝶，1~2龄幼虫啃食叶肉，3龄以上可将叶片咬成空洞和缺刻，严重时仅存叶柄和叶脉。幼虫排出大量粪便，污染叶和菜心，其伤口易导致软腐病。菜青虫喜食甘蓝和花椰菜。

图4-7　菜青虫

(2)防治方法

①农业、物理防治

深翻、冬灌、春耙，消灭越冬害虫；清洁田园，清除老叶、残株，减少虫源；人工扑杀幼虫，降低危害。

②化学防治

幼虫2龄前用苏云金杆菌（BT乳剂）500~1000倍液或0.5%蔬果净700~800倍液或25%灭幼脲3号悬浮剂1000倍液或2.5%功夫乳油2000倍液喷雾防治。

3.甜菜夜蛾 (图4-8)

(1)为害特点

甜菜夜蛾卵块多产在叶背,卵块上有白色鳞毛。初孵幼虫啃食叶片后,叶片呈透明小孔,长大后将叶片啃食成孔洞或缺刻,严重时将叶片吃成网状。

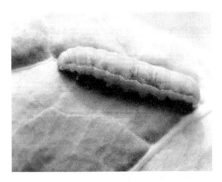

1. 幼虫   2.成虫

图4-8 甜菜夜蛾

(2)防治方法

①农业、物理防治

晚秋或初冬翻耕土壤,消灭越冬蛹,翌年3—4月清除杂草,消灭杂草上的初龄幼虫;幼虫3龄以前集中在产卵叶上或附近叶片上,可采取人工采卵块和捕捉幼虫的方法防治;利用黑光灯诱杀成虫。

②化学防治

以在3龄以前消灭幼虫最好,可选用20%灭扫利乳油800~1000倍稀释液或40%氰戊菊酯乳油1000倍稀释液或1.8%阿维菌素乳油3000倍液或52.25%农地乐乳油1000倍液喷雾,晴天傍晚用药,阴天可全天用药。

4.小菜蛾 (图4-9)

(1)为害特点

以幼虫为害寄主植物。初龄幼虫仅食叶肉,老龄幼虫咬食叶片,造成缺刻或孔洞,春、秋季为害严重。

1.幼虫   2.成虫

图 4-9　小菜蛾

(2)防治方法

①农业、物理防治

一是深翻、冬灌、春耙，消灭越冬害虫；二是清洁园田，在夏季甘蓝、花椰菜收获后，彻底清除遗弃的残叶根株以及田埂杂草，消灭虫源；三是间苗时应将植株心上有结网的幼虫的幼苗立即拔除；四是以黑光灯诱杀或用酒精浸提雌蛾性诱剂置于田间诱杀雌蛾成虫。

②化学防治

幼虫 3 龄前用 5%农梦特 1000~2000 倍液或 Bt 乳剂 500~1000 倍液或 1.8%阿维菌素乳油 3000 倍液喷雾防治。喷药时，应注意将心叶、心背都喷到，以达到彻底防治的目的。

5.地下害虫

(1)为害特点

白菜类蔬菜的地下害虫主要有小地老虎（图 4-10）、蝼蛄（图 4-11）等。以幼虫或成虫取食播下的种子、幼芽或将幼苗咬断致死，连成缺苗断垄，严重的甚至毁种。

(2)防治方法

①农业、物理防治

一是诱杀防治，根据各种地下害虫不同的趋向性，采用黑光灯、糖醋液、堆草等诱杀；二是早春清除菜田及周围杂草；三是人工捕捉成虫。

1. 幼虫　　　　　　　　　　　　　　2. 成虫

图 4-10　小地老虎形态图

图 4-11　蝼蛄

②化学防治

一是毒饵诱杀。根据地下害虫夜间出土活动并对甜物质等有强烈趋性的特点，可采用施撒毒饵的方法加以防治。先将饵料（秕谷、麦麸、玉米碎粒）5 kg 炒香，然后用 90% 敌百虫 300 倍液 0.15 kg 拌匀，加适量的水，拌潮为度，每亩施用 1.5~2.5 kg；或用 40% 乐果乳油或其他杀虫剂拌制饵料，在无风闷热的傍晚施撒效果最佳。二是药剂防治。每亩用 50% 辛硫磷 400~500 g 或 3% 辛硫磷颗粒剂 1.5 kg，拌在 50 kg 细土或细沙里，于播前施入犁沟内，打耱或播种覆土，或用 50% 辛硫磷乳油 1000 倍液灌根。

第二节 茄果类蔬菜

茄果类蔬菜属茄科，以浆果为产品，原产于热带，性喜温暖，不耐寒冷。对光周期反应不敏感，要求较强的光照和良好的通风条件，适宜肥沃的壤土栽培。该类蔬菜产量高，产品营养丰富，果实中含有丰富的维生素、矿物盐、碳水化合物、有机酸和蛋白质，风味各异，是最受消费者喜爱和消费量较大的蔬菜之一。

一、番茄

番茄又名西红柿，茄科番茄属一年生植物。番茄是世界上最重要的蔬菜作物之一，我国各地普遍栽培。番茄的食用部位为多汁的浆果，果实酸甜可口，营养丰富，含有丰富的胡萝卜素、维生素 C 和 B 族维生素，尤其是维生素 C 含量居蔬菜之首，很受消费者欢迎。

(一)对环境条件的要求

1.温度

番茄是喜温性蔬菜，在正常条件下，生长发育最适温度为 20~25 ℃，根系生长最适土温为 20~22 ℃。提高土温不仅能促进根系发育，同时土壤中硝态氮含量显著增加，番茄生长发育加速，产量增高。番茄生长发育需有一定昼夜温差，尤其在结果期。番茄植株白天进行光合作用制造养分，夜间适当降低温度，有利于养分的运输和积累，促进根、茎、叶及果实生长，从而提高产量和品质。

2.光照

番茄是喜光短日照作物，在由营养生长转向生殖生长过程中基本要求短日照，但要求并不严格，有些品种在短日照下可提前现蕾开花。一般每天 8~16 h 的光照时间，即可满足番茄正常生长和发育的需求，多数品种则在 11~13 h 的日照下开花较早，植株生长健壮。

3.水分

番茄属于半耐旱作物,一般以土壤相对湿度60%~80%、空气相对湿度45%~50%为宜。发芽期要求土壤相对湿度为80%左右,幼苗期和开花期要求土壤相对湿度为65%左右,结果期要求土壤相对湿度为75%~80%左右。结果期水分供给充足是获得高产的关键。番茄要求比较干燥的气候,阴雨连绵,空气湿度高,生长会衰弱减缓,且易落花落果。空气湿度过高,不仅阻碍正常授粉,而且在高温高湿条件下病害易发多发。

4.土壤及养分

番茄高产栽培适宜选择土层深厚、排水性好、富含有机质、中性或微酸性的肥沃土壤。番茄生长发育期长,在施足基肥、合理追肥、养分足够的条件下易获得高产。据测定,生产5000 kg果实,需要从土壤中吸收钾33 kg、磷5 kg、氮10 kg。因此,栽培管理中前期多氮、适磷、少钾,以促进茎叶生长和花芽分化,坐果后多施磷、钾肥,以提高产量和品质。

(二)类型和品种

番茄按生长习性分为有限生长和无限生长两种类型。

1.有限生长类型

植株矮小,长势较弱,果实转色成熟快,当主茎上形成一定的花序后自行封顶,不再向上生长。开花结果早,结果集中,属早熟品种,多用于早熟密植栽培。代表品种有早丰、西粉3号、豫番茄1号等。

2.无限生长类型

植株高大,长势旺盛,条件适宜时主茎无限向上生长。结果期长,单株结实多,增产潜力大。多为中晚熟品种,果大质优,抗病耐热性能好。代表品种有中蔬四号、佳粉10号、毛粉802等。

樱桃番茄是番茄的一个变种,较普通番茄叶片薄而小,花穗较长,花序着果较多,果实较小,果色呈红色、粉红色或黄色,果肉厚,糖度高。代表品种有荷兰的樱桃红，日本的红洋梨、黄洋梨，台湾的圣女、翠红等。

(三)栽培季节与茬口安排

番茄在露地栽培中，除育苗期外，整个生长期必须安排在无霜期内，可分为露地春番茄和露地秋番茄。甘肃省大部分地区无霜期较短，夏季温度较低，一般为一年一茬。番茄不宜连作，需与非茄科作物轮作。轮作年限一般为 3~5 年，以麦茬、豆茬等大田作物和葱、蒜、韭菜及瓜类等蔬菜作物轮作为宜。

(四)栽培技术

1.品种选择

结合当地市场需求，一般早熟栽培选择自行封顶的早熟品种；晚熟栽培宜选择自行封顶的晚熟、抗病、高产品种；夏番茄栽培应选择耐热能力强、抗病性能好的中晚熟品种；秋番茄栽培前期温度高，后期温度低，宜选择耐热、耐寒性均好，抗病性较强的品种。

2.播种和育苗

(1)播种

将种子直播于苗床或营养钵内，一次成苗，也可采用二次成苗法，即先育子叶苗，后分苗移栽成苗。番茄育苗应在温室、大棚内进行，育苗田与生产田应隔离，一般 3 月上旬开始育苗。

(2)苗期管理

加强苗床管理，调节温度和水分，增加光照，促使幼苗敦实、不徒长，发现病苗及时拔除。定植前进行炼苗和蹲苗。

3.选地、整地、施肥

冬季休闲的地块，可在封冻前每亩普施优质农家肥 6000~7000 kg，施肥后深翻 30 cm 左右。春季结合整地每亩施过磷酸钙 50 kg、硫酸钾 10~15 kg、尿素 10~15 kg。甘肃省大部分地区春季干旱少雨，宜平畦定植。地膜覆盖栽培应选用小高畦，畦高 10~15 cm，高

60 cm，沟宽40 cm。

4.定植

春茬番茄晚霜过后定植，夏秋茬番茄在前茬作物收获后及时定植。早熟品种行距50~60 cm，株距25 cm左右，每亩定植4400~5300株；中晚熟品种行距70 cm左右，株距25~30 cm，每亩3000~3800株；双干整枝的密度相应缩小。定植的深度以地面与子叶相平或稍深为宜。早春定植过深，地温低，影响缓苗。定植时灌足定植水，最好采用水稳苗法，不宜大水漫灌。

5.田间管理

(1)肥水管理

定植时灌足定植水，春番茄定植后5~7天灌缓苗水，缓苗水适当多灌，之后中耕蹲苗。缓苗后要控制灌水，蹲苗防徒长，切忌阴天傍晚灌水和大水漫灌。第一穗果实膨大期及时灌水，结果盛期，一般4~6天灌水1次，保持田间土壤湿润。结合灌缓苗水每亩追施尿素10~15 kg，促进发棵；第一穗果开始膨大时，结合灌水每亩开沟追施尿素10~12.5 kg、硫酸钾3~5 kg。第一穗果成熟，第二穗果、第三穗果进入膨大期结合灌水进行第三次追肥，此时为需肥高峰期，追肥量应大于第二次追肥；生长中后期为防止生理卷叶，还可以根据植株长势进行叶面喷施0.2%磷酸二氢钾溶液。露地栽培灌缓苗水后，待地面稍干时，连续中耕2~3次，可促进茎基部发生不定根，扩大根系吸收面积。

(2)搭架、绑蔓

当植株高达30 cm以上时，要及时搭架、绑蔓。矮秧品种一般架高0.5~0.7 m，搭成小四角形架或具有两道横杆的篱形架，将茎蔓绑缚于支架或横杆上。高秧品种插杆高度为2 m左右，采用"人"字形架，随着植株的生长向上逐渐绑蔓。

(3)整枝、摘心

目前生产上应用范围较广的番茄整枝方式有单干整枝、双干整枝和连续摘心换头整枝（图4-12）。

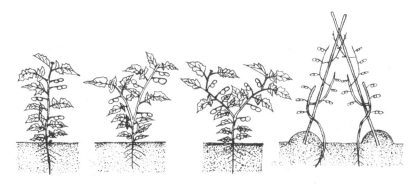

1. 单干整枝   2. 改良整枝   3. 双干整枝   4. 连续换头整枝

图4-12   番茄的整枝方式

①单干整枝

保留主干结果，其他侧枝及早疏除。该整枝方式适于早熟、密植栽培，前期及总产较高。为增加单株结果数，也可保留果穗下的一个侧枝，结一穗果摘心，称为改良单干整枝。

②双干整枝

除主干外，再保留第一花序下所抽生的第一侧枝结果，其余侧枝均及时除去。及时插架绑蔓，整枝打杈，中耕除草，摘除黄病叶、老叶。此法有利于根系和植株的健壮生长，单株结果量大，适应于高秧中、晚熟品种丰产栽培。

③连续换头整枝

连续换头整枝有三种形式：一是在主干上保留三穗果摘心，留下强壮侧枝代替主干，再留三穗果摘心，共保留6穗果；二是进行2次换头，共留9穗果，方法与第一种基本相同；三是连续摘心换头，当主干第二花序开花后留2片叶摘心，留下紧靠第一花序下面的一个侧枝做主干，第一侧枝结2穗果后同样摘心，共摘心5次，留5个结果枝，结10穗果，每次摘心后都要扭枝，使果枝向外开张80~90°，以后随着果实膨大，质量增加，结果枝逐渐下垂，每个果枝番茄采收后，都要把枝条剪掉。通过换头和扭枝，降低植株高度，有利于养分运输。但扭枝后植株开张度增大，需减小栽培密度，靠单株果穗多、果个大提高产量。

摘心主要用于无限生长类型。根据栽培目的，在确定所留果穗的上方留1~2叶摘心。大架栽培多留5~6穗果，中架栽培留3~4穗果。有限生长类型可自行封顶，无须摘心。

（4）保花保果

气温低于15℃或高于30℃，或连续阴雨天气，均会影响露地番茄正常开花和授粉受精，导致落花、落果。除此之外，番茄植株营养不良、光照不足、茎叶旺长等也易引起落花、落果。提高秧苗质量，加强栽培管理，使用15~20 mg/kg 2,4–D 或 25~30 mg/kg PCPA 于开花当天涂抹花柄等措施均可预防番茄植株落花、落果。

6.收获

番茄从开花到果实成熟所需天数，早熟品种40~50天，中、晚熟品种50~60天。番茄果实依据采收目的的不同，通常将采收时期划分为绿熟期、转色期、成熟期和完熟期4个时期。

（1）绿熟期

果实已充分长大，果皮由绿转白，种子发育基本完成。此期采收的果实质地较硬，比较耐贮存和挤压，适合于长途贩运，长期贮存或长途贩运的果实多在此期采收。

（2）转色期

果实脐部开始变色，采收后经短时间后熟即可全部变色，变色后的果实风味也比较好。但此时果实硬度较差，不耐贮存也不耐挤碰，此期采收的果实适合短期贮存和短距离贩运。

（3）成熟期

果实大部分变色，表现出该品种特有的颜色和风味，品质最佳，也是最理想的食用期。但果实质地较软，不耐挤碰，挤碰后果肉很快变质，此期采收的果实适合于就地销售。

(4)完熟期

果实全部变色，果肉变软、味甜，种子成熟饱满，食用品质变劣。此期采收的果实主要用于种子生产和加工番茄果酱。

番茄采收要在早晨或傍晚温度偏低时进行，中午前后采收的果实，含水量少，鲜艳度差，外观不佳，同时果实的温度也比较高，不便于存放，容易腐烂。

(五)番茄生理障碍与防治

1.卷叶

(1)症状

卷叶是番茄生产中较为普遍的现象，特别是结果期尤为严重。卷叶发生时，轻者只是叶片两侧微微向上卷起，重者可卷成筒状（图4-13）。卷叶不仅影响正常的光合作用，而且也使果实暴露于阳光下，容易发生日烧。

图4-13 番茄卷叶

(2)发病条件

土壤干旱、供水不足，高温、强光照，果叶比例失调、植株留果过多，坐果激素处理后肥水供应不足及叶面肥害或药害等等，均可引起叶片过早衰老而发生卷曲。

(3)防治措施

①农业、物理防治

一是选用抗卷叶的番茄品种；二是高温期加强温度管理，防止温度过高；三是合理密植，尽量做到在盛夏前封垄，以免强光照射地面；四是加强肥水管理，防止脱肥和脱水。

②化学防治

叶面追肥和喷药的浓度、时机要适宜，高温期不要在强光照的中午前后叶面喷肥和药。一是种子用10%磷酸三钠浸种20~40 min，清水洗净后播种；二是喷洒吡虫啉或啶虫脒，防蚜虫等传毒害虫，并喷施病毒A500倍加宁南霉素300倍液防病毒病，可间接地防止卷叶；或喷施6000倍液的碧护有效缓解卷叶病症。

2.裂果

(1)症状

主要发生在果实着色期以后，主要表现为果实蒂部周围呈放射状开裂或呈环状开裂（图4-14）。番茄裂果主要发生在大果型品种上，小果型品种裂果比较少。在同一类品种中，果皮薄、质地柔软、含水量高的品种较易发生裂果。

图4-14 番茄裂果

(2)发病原因

土壤湿度干湿不均、变化幅度过大，引起果实突然大量吸水，体积膨大过快，胀破果皮，发生裂果。一般久旱遇雨或突浇大水或果实暴晒后突遇大雨情况下，较容易发生裂果。

(3)防治措施

一是选用抗裂果的品种；二是结果期加强浇水管理，小水勤浇，忌大水漫灌，经常保持土壤湿润，防止土壤忽干忽湿；三是果实采收前15~20天，向果面喷洒0.5%氯化钙溶液，对防止裂果有较好的效果。

3.畸形果

(1)症状

果实不圆整，表现出各种畸形果，如多心一室、尖顶、果实开裂、种子外露等（图4-15）。

图 4-15　番茄畸形果

(2)发病原因

一是苗期低温引起花芽分化不良，造成畸形花，发育成畸形果；二是养分过多，特别是氮肥施用过多，花芽分化过旺，形成畸形果；三是植物生长调节剂使用浓度过大或处理过早，造成果实开裂、种子外露或果实顶端突出，形成尖顶果。

(3)防治措施

一是适期定植，使苗期温度不低于 8 ℃，最好在 12 ℃以上；二是平衡施肥，防止偏施氮肥；三是花开后再用植物生长剂进行处理，处理浓度要适宜，切忌在高温时期处理花朵。

4.空洞果

(1)症状

果实胎座部分发育不良，严重时果实表皮带棱，果实体积大，质量小，形成空洞果（图 4-16）。

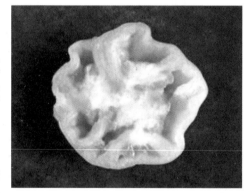

(2)发病原因

一是花期高湿或低温，授粉受精不良，果实发育不良；二是光照

图 4-16　番茄空洞果

弱，干旱缺水；三是植物生长调节剂处理后，肥水供应不足。

(3)防治措施

一是避免温度过高或过低，加强通风；二是加强肥水管理；三是掌握好植物生长调节剂处理浓度和处理时期。

5.顶腐病

（1）症状

顶腐病又称脐腐病、尻腐病，果实顶部变褐干枯凹陷（图4-17），果实转色较早，是番茄生产上常见的果实生理病害。

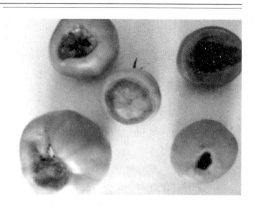

图4-17　番茄顶腐病

（2）发病原因

主要是由于缺钙。造成缺钙的原因，主要是氮肥过多、土壤过干、钾肥施用过多、高温等。

（3）防治措施

保持土壤湿润，加强通风降温，平衡施肥，防偏施氮肥，结果期可叶面喷洒0.5%钙溶液。

6.筋腐病

（1）症状

筋腐病是果实膨大期的生理病害，其症状可分为两种类型，即褐变型及白化型。褐变型果实内维管束及其周围组织褐变；白化型果皮或果壁硬化、发白。

（2）发病原因

两种类型的发病条件相似，是由多种不良条件诱发引起的。生长期间光照不良，土壤钾、硼缺乏，铵态氮过多，以及夜温高，病毒病等综合影响可导致发病。

（3）防治措施

一是选用抗筋腐病品种；二是合理密植；三是适当增施钾肥，氮肥施用以硝态氮肥为主，叶面喷施硼肥；四是及时预防病毒病。

二、辣椒

辣椒为茄科辣椒属植物，别名番椒、辣茄等，原产于中南美洲墨西哥、秘鲁等地，经丝绸之路传入我国，是我国人民喜食的鲜菜和调味品，全国各地均有种植，且种植面积不断增加。辣椒青熟果实可炒食、泡菜，老熟红果可盐腌制酱，干燥后可制成辣椒干或碾成辣椒粉。辣椒的营养价值很高，富含维生素 C、维生素 A、辣椒素和抗氧化物质，具有芬芳的辛辣味，可以温中散寒、开胃消食，因此，辣椒又被称为"红色药材"。

(一)对环境条件的要求

1.温度

辣椒属喜温性蔬菜，不耐严寒，辣味型品种的耐热能力强于甜椒型品种。种子发芽的最适温度为 25~30 ℃，低于 10 ℃或高于 35 ℃，均不利于正常发芽。辣椒生长发育的适宜温度为 20~30 ℃，温度低于 15 ℃时，生长发育受阻，持续低于 12 ℃时可能受害，低于 5 ℃，植株易遭寒害而死亡。幼苗期的适宜温度为 20~25 ℃，但在 15~30 ℃均可正常生长。在辣椒的整个生长期间，三叶期以下时抗寒力最强，一般可忍耐短时的 0 ℃低温。开花结果期的适宜温度为 20~30 ℃。

2.光照

辣椒为短日照植物，但只要温度适宜，营养条件良好，光照时间长短不会影响花芽分化和开花。但在较短的日照条件下，开花提早。当植株具 1~4 片真叶时，即可通过光周期的反应。辣椒属中光性植物，对光照强度的要求中等，较耐弱光，但光照太弱，将导致徒长、落花落果。

3.水分

辣椒不耐干旱，也不耐涝，属于半耐旱性蔬菜，在中等空气湿度下生长较好。一般小果型品种较大果型品种耐旱。

4.土壤与养分

辣椒对土壤的适应能力比较强，在各种土壤中都能正常生长，但以壤土最好。辣椒对土壤的酸碱性反应敏感，在中性或微酸性的土壤上生长良好。辣椒对氮、磷、钾等养分均有较高的要求，此外，还需要吸收钙、镁、铁、硼、钼、锰等多种微量元素。在整个生长发育阶段，辣椒对氮的需求最多，占 60%，钾占 25%，磷占 15%。据报道，生产 5000 kg 辣椒果实，约需吸收氮 36.5 kg、磷 7 kg、钾 35 kg。

(二)类型和品种

辣椒依据果实的形状可分为灯笼椒、长辣椒、簇生椒、圆锥椒和樱桃椒等；根据结果习性可以分为有限生长和无限生长两种。根据生产目的的不同，一般分为青椒和干椒两种。

青椒又称为菜椒，以采收绿熟果鲜食为主，无辣味或微辣。菜椒按果形又分为灯笼型和长椒型两种。灯笼型椒一般无辣味，代表品种有中椒 4 号、甜杂 3 号等；长椒型品种多为牛角形，微辣，代表品种有陇椒 6 号、早杂 2 号、农大 21 等。彩色辣椒是近年来新兴起的一类特色菜椒品种，果实在绿熟期或成熟期表现出红、黄、橙等多种颜色，以生食为主，又称为"水果甜椒"。干椒又称为辛辣椒，以采收红熟果制椒干为主。果实多为长椒型，辣椒素含量高，辣味浓，代表品种有美国红、线椒三号、湘辣 3 号、陕西线椒、保加利亚尖椒等。

(三)栽培季节与茬口安排

辣椒露地栽培分为春、夏两季，春季多以青椒栽培为主，保护地内育苗，晚霜过后定植。夏季栽培以干椒为主，多于春小菜或小麦收获后定植。辣椒的茬口前茬可以是各种绿叶菜类，后茬可以种植各种秋菜或粮食作物。

(四)栽培技术

1.品种选择

根据市场需求，选择前期耐低温、后期耐热、早熟、丰产、抗病性强、果肉较厚、辣味适中的品种，并要求结果期集中，产量较高。

2.播种与育苗

(1)播种期的确定

辣椒露地栽培要求 10 cm 地温稳定通过 16 ℃时定植，苗龄一般为 70~85 天，各地应根据当地的气候条件确定定植期，推算适宜的播种期。

(2)播种

用育苗床育苗，底水要浇足，底水渗下后，先向苗床撒0.5 cm厚的细土，再将种子均匀撒播于畦内，再覆土0.5~1 cm。育苗应在温室、大棚内进行。

(3)苗期管理

加强苗床管理，调节温度和水分，增加光照，促使幼苗敦实，不徒长，发现病苗及时拔除。定植前7~15天进行大温差炼苗，白天15~25 ℃，夜间5~15 ℃，以逐渐适应露地环境条件。

3.选地、整地、施肥

宜选用近2~3年内未种过茄果类蔬菜的冬闲地栽植。前一年封冻前结合深耕、晒垡，每亩施入优质农家肥5000~6000 kg。春季结合整地每亩施过磷酸钙50 kg、硫酸钾30 kg、尿素10~15 kg。整平地面后起垄或做畦。

4.定植

10 cm地温稳定在16 ℃时定植。垄作一般行距50~55 cm，穴距25~30 cm，平畦一般行距50~60 cm，早熟品种穴距25~30 cm，中晚熟品种穴距30~35 cm，每垄2行，每穴2株。栽植深度以埋没土坨为宜。

5.田间管理

(1)肥水管理

辣椒定植时天气较冷，一般采用暗水稳苗，浇过定植水后，及时中耕。8~10天后浇缓苗水，而后进入蹲苗期。蹲苗期间，不易过旱，防止诱发病毒病。一般门椒长至2 cm大小时，结束蹲苗，开始浇水，以后土壤保持见湿见干。高温季节小水勤浇，暴雨后防涝和倒伏。

辣椒喜肥，浇缓苗水时每亩追施尿素10~15 kg做提苗肥。蹲苗结束时随水每亩追施复合肥20~25 kg。以后结合每次浇水每亩追施尿素10~15 kg或较淡的粪稀。进行恋秋栽培的，进入8月份要继续进行薄肥勤施，以增强生长势，促进越夏后及早返秧。9月份进入第二次结果高峰期后应增加施肥量，每亩追施复合肥 15~20 kg 或较浓的粪水，并进行叶面追肥。

(2)培土

为防止地温过高伤根和果实坠秧倒伏，露地栽培应在封垄前结合中耕除草在根颈处培土 6 cm 左右。

(3)整枝

辣椒基本不整枝，只将门椒以下主干上发出的侧芽及时抹掉，生长中后期可适度去掉弱枝。恋秋栽培的可将南侧一行植株"四母斗"以上的侧枝全部剪除，以利通风透光安全越夏，并促发新枝继续开花结果。

(4)收获

青椒在果皮发亮、果肉变硬时即可采收，一般于开花后 25~30 天采收上市。长势旺的植株可适当晚采，长势弱宜早采，以协调秧果关系，平衡长势。干椒适宜的采收期为果实完全成熟而尚未干缩变软，由于同一植株上的果实成熟时间早晚不一，具体采收时应根据果实的成熟情况分批采收。

(五)辣椒"三落"的防治

1.症状

辣椒"三落"即落花、落果、落叶，对生产影响很大，一般落花率达 20%~40%，落果率达 5%~10%。

2.发病原因

造成辣椒"三落"的原因很多，归纳起来主要有以下几个方面：一是低温影响授粉受精，引起落花；二是高温、干旱引发病毒病；三是偏施氮肥，枝叶徒长；四是营养不良，光照不足；五是高温雨涝，使根系吸收能力减弱；六是炭疽病、轮纹病、烟青虫等病虫为害导致。

3.防治措施

一是加强田间管理，培育壮苗，防止偏施氮肥，及时追肥浇水和排涝；二是早春采取地膜覆盖等措施，尽量提早定植，促使植株高温季节到来前封垄，降低地温；三是及时防止病虫害，减轻病毒病为害；四是开花期用防落素 25~30 mg/kg 喷花，有效防止落花，提高产量。

三、茄子

茄子别名茄瓜、矮瓜，原产于印度等热带地区，为茄科茄属草本植物。茄子有白、青、紫三种颜色，适应性强，栽培容易，产量高，供应期长，在我国南北各地普遍栽培。茄子含多种营养成分，尤其富含维生素，可以改善毛细血管脆性，降低脑血栓发生，是深受消费者欢迎的蔬菜之一，在蔬菜供应中占有重要的地位。

(一)对环境条件的要求

1.温度

茄子对温度的要求在茄果类蔬菜中最高，耐热性也最强。结果期的适温为 25~30 ℃，在 17 ℃以下时生长发育缓慢，15 ℃以下时引起落花，低于 13 ℃停止生长。高温以不超过 35 ℃为宜。

2.光照

茄子对光照长度及光照强度的要求都较高。在日照长、强度高的条件下，生长旺盛，花芽质量好，果实产量高，着色好。苗期光照弱不利于长柱花形成，成株后光照弱，不利于着色，产量低，易发生僵果。

3.水分

茄子耐旱性较弱，生长发育盛期需要供水充足，水分不足植株生长缓慢，苗期缺水易生成短柱花，结果期缺水则果实发育不好，但若田间积水则易引起烂根，在高温高湿情况下容易发生病害。

4.土壤及养分

茄子较耐盐碱，对土壤要求不太严格，在土层深厚、富含有机质、保水保肥能力强的土壤中生长良好。茄子对土壤通气条件要求严格，土壤过湿易引起烂根。茄子对氮肥要求较高，缺氮时花芽分化延迟，花数明显减少，尤其在开花盛期缺氮，会造成发育不良、短柱花增多。结果期喜钾肥。

(二)类型与品种

依据茄子果实的形状和植株的形态，可将栽培的茄子品种分为圆茄、长茄、矮卵茄（观赏茄）。

1.圆茄类

多为中晚熟品种，属北方生态类型。植株高大茂盛，茎秆粗壮，叶大而肥，果实呈圆球形或扁圆球形，色泽有紫红色、绿色、绿白色等。适宜北方地区栽培的品种有京茄 2 号、圆杂 16 号等。

2.长茄类

果实长棒形，果皮薄，肉质柔嫩，植株大小中等，叶片比圆茄窄，分枝多，果实长棒形。适宜北方地区栽培的品种有兰杂 2 号、爱丽舍、黑神等。

3.卵（矮）茄类

果实卵形，紫红色或白色、绿白色，皮厚种子多，但抗性较强，耐高温能力较强，植株较矮而横展。主要品种有北京灯泡茄、新乡糙青茄等。

(三)栽培季节与茬口安排

茄子露地栽培一般分为春、秋两季栽培。春季栽培是在冬季保护地育苗，晚霜过后定植；秋季栽培是早春育苗，于春茬蔬菜或小麦收获后定植，一般生长至早霜，对缓解 8—9 月份蔬菜淡季供应有一定的作用。

茄子忌连作，也不能与番茄、辣椒、马铃薯等其他茄果类作物连作，以免发生立枯病、青枯病及其他土传病害。

(四)栽培技术

1.品种选择

结合当地市场需求，一般以早熟为主要目的的栽培，品种选择为早熟品种；以丰产为目的的栽培，选择中晚熟品种。

2.播种和育苗

(1)播种期的确定

露地春茄子应在当地晚霜过后，10 cm 地温稳定通过 14 ℃时定植。一般苗龄为 90 天左右。各地应根据当地的气候条件确定定植期，然后推算适宜的播种期。

(2)播种

用育苗床育苗或穴盘育苗，可购买商品育苗土，也可自制育苗营养土。育苗场地、育苗土消毒与辣椒相近。播种前要浇足底水，底水渗下后，先向苗床撒 0.5 cm 厚的细土，再将种子均匀撒播于畦内，再覆土 0.5~1 cm。育苗应在温室或大棚内进行。

(3)培育壮苗

①育苗要点

茄子种皮较厚，宜用 75~85 ℃的热水快速烫种，而后降温至 30 ℃，温水浸种 10~12 h。在 25~30 ℃温度条件下催芽，每天用清水淘洗一遍种子。约经 4~5 天即可出齐芽。栽培一亩用种量 50 g，需育苗床 4 m²。

②壮苗标准

具有 6~8 片真叶，株高 20 cm，茎粗，节间短，叶片肥厚叶背发紫，门茄已现蕾，根系发达，侧根多。一般苗龄为 80~90 天。

(4)苗期管理

播种后到出苗阶段，适宜的温度条件为白天 25~30 ℃，夜间 15~20 ℃。当幼苗大部分顶土时揭去地膜，覆盖 0.3 cm 厚的细土。幼苗出齐后再覆 1 次细土，并适当通风降低床温，保持白天 20~25 ℃，夜间 10~15 ℃；第一片真叶显露后，适当提高床温促发苗，保持白天 25~28 ℃，夜间 15~20 ℃；分苗前 2~3 天适当降温。当幼苗长至 2~3 叶时分苗，苗距 10 cm 见方。分苗后扣小棚高温高湿促缓苗。缓苗后适量放风，白天 25 ℃左右，夜间 15~20 ℃。定植前 5~7 天，进行大温差炼苗，白天 20~23 ℃，夜间 8~10 ℃。定植前一天向苗床浇透水，以利于起苗。

3.选地、整地、施肥

茄子栽培适宜选用富含有机质、土层深厚、保水保肥、排水良好的田块。结合整地施足基肥，每亩施腐熟有机肥 5000 kg、过磷酸钙 50 kg、硫酸钾 30 kg。2/3 基肥撒施后深翻 30 cm，1/3 基肥定植时开沟集中施肥。春茬栽培起垄覆膜，保墒提高低温。

4.定植

春季栽培在晚霜过后适期定植。宜选择晴天定植，定植密度因品种、栽培方式而异。定植行株距早熟品种（40~50）cm×40 cm，中晚熟品种（60~70）cm×（40~50）cm。定植时在垄面地膜上打孔栽苗。定植后浇定苗水，为防止地温低应适当少浇水。

5.田间管理

(1)肥水管理

缓苗后浇缓苗水，可随水每亩追充分腐熟的农家肥 500 kg，以促进幼苗生长。结合浇水进行中耕、培土、蹲苗。若天旱可在门茄开花前浇 1 次小水，水后继续中耕蹲苗。门茄瞪眼时结合灌水进行追肥，每亩追充分腐熟的农家肥 1000 kg 或高氮复合肥 25 kg。根据天气和苗情勤浇、少浇水，保持地面经常湿润即可，防止根系缺氧造成烂根死秧。在对茄和四母斗茄坐果后，每亩分别随水冲施尿素15~20 kg。

(2)整枝

露地茄子一般不摘心，门茄以下侧枝及早打掉，留两条侧枝结果（图 4-18），对茄后长出的侧枝，选留 3~4 条健壮的结果，进行三干或四干整枝，结合整枝及时摘除老叶、黄叶、病叶。生长期较短或

图 4-18　茄子双干整枝

进行恋秋栽培时，于拉秧前 30 天适时摘心，使养分合理利用，促果膨大。

(3)保花保果

在初花期或盛花期，可用 20~30 mg/kg 的 2,4-D 在开花当天涂抹花柄，或用 40~50 mg/kg 的番茄灵喷花，可以起到保花保果作用。生长素处理花期清晨连续进行，否则上部易形成僵果。

6.收获

茄子以嫩果采收。当果实的萼片与果皮上部交界处的白色环带由宽变窄、稍变暗淡，果实基本够大时，即可采收。茄子达到采收标准后要及时采收，避免种子逐渐成熟消耗过多养分坠秧及口感变差。采收时宜用剪子把果柄剪断。

(五)茄子生理病害及防治

1.畸形花和落花

(1)症状

正常的茄子花大而色深，花柱长，开花时雌蕊的柱头突出，高于雄蕊花药之上，柱头顶端边缘部位大，呈星状花，即长柱花。生产上有时遇到花朵小、颜色浅、花柱细、花柱短，开花时雌蕊柱头被雄蕊花药覆盖起来，形成短柱花或中柱花。当花柱太短、柱头低于花药开裂孔时，花粉则不易落到雌蕊柱头上，不易授粉，即使勉强授粉也易形成畸形花，或茄子开花后 3~4 天，花从离层处脱落，不能结实。

(2)发病原因

①畸形花

由花的发育、形态受环境条件和植物营养状态影响造成。特别在夜温高的情况下消耗多，基肥施用量不足，尤其是氮、磷不足时，造成花芽的各个器官发育不良，易出现短柱花，形成畸形花或脱落（图4-19）。

1. 长柱花　　　　　　　2. 中柱花　　　　　　3. 短柱花

图 4-19　茄子畸形花

②落花

开花前，子房已开始发育，开花时，发育仍缓慢地进行，授粉后发育又转入旺盛阶段。这期间遇光照减少，且持续时间长，如连续阴雨天气，光照弱，气温低，易形成短柱花，不易授粉受精，造成落花。

(3)防治措施

①加强管理

创造有利于茄子幼苗生长和植株生长的环境条件，在茄子生长的初期和中期注意防止温度过低，后期防止高温高湿，采用配方施肥或增施有机肥，并保持土壤湿润。

②培育壮苗

苗龄 80 天左右（冬季），要求茎粗短，节间紧密，叶大叶厚，叶色深绿，须根多，苗期温度白天控制在 25~30 ℃，夜间 18~20 ℃，注意要经常擦去棚膜上的灰尘，增强光照。

③尽早移植

使其在花芽分化前缓苗，这样花芽分化充分。定植前 1 天浇透苗床，移植时苗带土坨种植，尽量不散坨伤根。

2.裂果

(1)症状

茄子果实形状不正，产生双子果或开裂，主要发生在门茄坐果期，开裂部位一般在花萼下端，为害较重。

(2)病因

主要是温度低或氮肥施用过量、灌水过多致生长点营养过剩，造成花芽分化和发育不充分而形成多心皮的果实，或雄蕊基部开裂而发育成裂果。有时果实与枝叶摩擦，果面产生伤疤，浇水后果肉膨大速度快，容易引起开裂。

(3)防治措施

一是移植前提前浇水，带土坨移栽，尽量不散坨伤根；二是采用配方施肥技术，进行平衡施肥，防止过量施用氮肥；三是合理浇水，尤其果实膨大期不过量浇水。

3.果实日灼

(1)症状

果实向阳面出现褪色发白的病变，逐渐扩大，呈白色或浅褐色，导致皮层变薄，组织坏死，干后呈革质状，以后容易引起腐生真菌侵染，出现黑色霉层，湿度大时，常引起细菌侵染而发生果腐。

(2)发病原因

一是茄子果实暴露在阳光下导致果实局部过热引起，早晨果实上出现大量露珠，太阳照射后，露珠聚光吸热，可致果皮细胞灼伤。二是栽植过稀或管理不当易发病。

(3)防治方法

一是选用早熟或耐热品种；二是合理密植，采用南北垄，使茎叶相互掩蔽，避免果实接受阳光直接照射。

4.着色不良

(1)症状

紫色茄子颜色为淡紫色或红紫色，严重的呈绿色，且大部分果实半边着色不好，影响上市期和商品性。

(2)发病原因

茄子果实的紫色是由花青苷系的色素形成的，主要受光照影响，经试验用黑色塑料遮光的果实是白色的。早春栽培的茄子，在果实膨大期正处于光线较弱的季节，塑料膜透过紫外线的能力差，茄子着色不好，如果此时遇到高温干燥或营养不良，着色更不好，且无光泽。

（3）防治方法

一是选用耐低温品种。二是合理密植，不可过密，以保证茄子中下部透光。适当疏枝，防止湿度过大时感染灰霉病而影响着色。有目的地疏去老枝及旺发的腋梢，选4~6个强壮的腋梢做新枝培养。三是适时采收，防止早衰。

四、茄果类蔬菜病虫害防治

茄科蔬菜的病虫害比较多，常见的有番茄早疫病、晚疫病、灰霉病、叶霉病等；茄子褐纹病、绵疫病、黄萎病等；辣椒病毒病、炭疽病、疮痂病、疫病等；共同害虫有蚜虫、温室白粉虱、棉铃虫等。

（一）病害

1.番茄早疫病

（1）症状

早疫病又叫轮纹病，由半知菌亚门真菌茄链格孢侵染所致。主要危害叶片，也能侵害茎和果实。在叶片上初期呈水渍状暗褐色病斑，后不断扩展成轮纹斑，轮纹斑边缘多具浅绿色或者黄色晕圈，中部有同心轮纹。一般从下部叶片发病逐步向上蔓延，严重时下部叶片枯死。茎部染病，多在分枝处产生褐色至深褐色不规则圆形或椭圆形病斑，表面生有灰黑色霉状物。果实受害部位多在果柄附近，呈黑褐色凹陷并有霉状物（图4-20）。

图4-20　番茄早疫病

(2)发病原因

病菌以菌丝或分生孢子随病残体在土壤中或种子上越冬，借风、雨传播，适宜发病的气温为 20~25 ℃，相对湿度高于 70%。

(3)防治措施

①农业防治

一是实行轮作，避免与茄科作物连作；二是采用高垄栽培；三是加强田间管理，及时整枝打杈，摘除病叶、老叶，加强通风透光。

②化学防治

一是种子消毒。用 1%高锰酸钾浸种 15~20min，清洗后播种。二是发病初期可用 80%代森锰锌可湿性粉剂 600 倍液或 75%百菌清可湿性粉剂 600 倍液或 58%甲霜灵锰锌可湿性粉剂 500 倍液或 64%杀毒矾可湿性粉剂 500 倍液喷雾防治，一般 7 天左右喷 1 次，连喷 3~5 次，并注意交替用药。三是阴天或雨天采用粉尘或烟剂进行防治。用 5%百菌清粉尘剂，每亩 1 kg；或用 45%百菌清烟剂，每亩 200~250 g。

2.番茄晚疫病

(1)症状

晚疫病由鞭毛菌亚门真菌致病疫霉侵染所致，危害叶片、茎及果实，苗期就可发病，但以成株期的叶片和青果受害较重。开始从叶尖或叶缘处出现不规则的暗绿色水渍（图 4-21）。

图 4-21　番茄晚疫病

(2)发病原因

晚疫病病菌主要在种子、病残体及土壤中越冬，借风、雨传播。一般气温在 18~22 ℃、相对湿度在 95%以上时发病最快。雨水多、湿度大时发病迅速。

(3)防治措施

发病初期可用 72.2%普力克水剂 800 倍液或 72%克露呵湿性粉剂 500~600 倍液或 69%安克锰锌可湿性粉剂 900 倍液喷雾处理。其他防治方法参见番茄早疫病。

3.番茄灰霉病

(1)症状

灰霉病由半知菌亚门真菌灰葡萄孢侵染所致，危害花、果实、叶片及茎。果实染病青果受害最重，残留的柱头或花瓣多先被侵染，后向果面或果柄扩展，导致果皮呈灰白色，软腐，病部长出大量灰绿色霉层。叶片染病多开始于叶尖，病斑呈"V"字形向内扩展，初为水浸状、浅褐色、边缘不规则具深浅相间的轮纹，后叶片干枯表面生有灰霉。茎染病，开始呈水浸状小点，后扩展为长形斑，湿度大时病斑上长有灰褐色霉层。

(2)发病原因

病菌在土壤中或植株的病残体上越冬或越夏，借气流、雨水或露珠及农事操作进行传播，从寄主伤口或衰老的器官及枯死的组织上侵入。花期是该病的侵染高峰期，蘸花是重要的人为传播途径。该病对湿度要求很高，在气温在 20 ℃左右、相对湿度达 90%以上的条件下易发病，尤其在穗果膨大期浇水后，病果剧增，是烂果高峰期。此外，密度过大、管理不当都会加快此病的扩展。

(3)防治措施

以花期和果实膨大期防治为主。

①农业防治

一是及时摘除病叶、病果，集中烧毁或深埋；二是以增温、控水、放风、降湿为主，不可大水漫灌，减少田间结露。

②化学防治

一是番茄蘸花时加 0.1%多霉灵威；二是在花期喷 50%速克灵可湿

性粉剂 1500~2000 倍液或 50%扑海因可湿性粉剂 1500 倍液或 50%农利灵可湿性粉剂 6500 倍液，果实膨大期以保果为主，重点喷果实。应注意交替用药。

4.番茄叶霉病

(1)症状

叶霉病由半知菌亚门真菌褐孢霉侵染所致，主要危害叶片。叶片染病，叶面出现不规则形淡黄色褪绿斑；叶背染病，病部初生白色霉层，后霉层变为灰褐色或黑褐色绒毛状霉层。病斑多时，互连成片，叶片褪绿发黄，导致枯死，严重时叶正面也会出现棕褐色霉层。果实染病，形成黑褐色小斑块，病部凹陷、硬化，失去食用价值。

(2)发病原因

该病菌在植株病残体上或种子上越冬，借助气流传播，病菌从植株的叶片、萼片、花梗等部位侵入。气温 20~22 ℃、相对湿度 90%以上，有利于病菌繁殖。相对湿度低于 80%不利于病菌分生孢子形成以及病菌侵染和病斑的扩展。连阴雨天气，湿度大，光照弱，叶霉病扩展迅速。晴天光照充足，短期增温至 30 ℃以上，对病菌有明显抑制作用。

(3)防治措施

①农业防治

一是选用抗病品种，选用无病种子或用 50~55 ℃温水浸种 5 min；二是与非茄科蔬菜实行 3 年以上的轮作。三是加强田间管理，施足底肥，控水、降湿，既可使植株健壮，又可控制叶霉病的发生。

②药剂防治

发病初期喷施 47%加瑞农可湿性粉剂 600~800 倍液或 50%甲基托布津可湿性粉剂 500 倍液或 75%百菌清可湿性粉剂 600~800 倍液或 1:1:250 波尔多液防治，每隔 7~10 天喷 1 次，交替用药，连续防治 3~5 次。其他防治方法参见番茄早疫病。

5.茄子绵疫病

（1）症状

茄子绵疫病由鞭毛菌亚门真菌寄生疫霉和辣椒疫霉侵染所致。幼苗及成株期均可受害，主要危害果实。植株下部果实易得病，病部呈水渍状，小圆斑，后逐渐扩大呈稍凹陷的黄褐色或暗褐色大斑，最后蔓延到整个果实，使

图 4-22　茄子绵疫病

果实收缩、变软、表面有皱纹，在高湿条件下产生茂密的白色棉絮状菌丝（图 4-22）。

（2）发病原因

病菌以卵孢子随病残体在土壤中越冬。翌年卵孢子经雨水溅到茄子果实上，形成初侵染，再经风、雨传播，形成再侵染。发病适温 30 ℃，相对湿度 85% 以上。高温多雨、湿度大成为此病流行条件。

（3）防治措施

①农业防治

一是忌连作，与非茄科作物实行 3~5 年以上的轮作；二是选择高燥地块，高垄栽培，及时摘除病果病叶。

②药剂防治

用 77% 可杀得 600 倍液或 58% 甲霜灵锰锌 600 倍液或 72% 克露 600~800 倍液喷雾防治。

6.茄子黄萎病

（1）症状

茄子黄萎病由半知菌亚门真菌大丽花轮枝孢侵染所致。一般在结果初期开始发病，进入盛果期病情急剧增加。发病初期病叶在晴天中午萎蔫，早晚恢复正常，严重时则不再恢复。病株叶片自下而上，从叶

尖或叶片边缘开始发病，叶脉间退绿变黄，逐渐发展到半边或整个叶片变黄。在同一植株上，有的枝条发病，有的枝条不发病，常表现为植株矮小，严重时全株叶片干枯脱落，横剖病茎可见维管束变褐（图4-23）。

图4-23　茄子黄萎病

（2）发病原因

病菌以休眠孢子、厚垣孢子和微菌核随病残体在土壤中越冬。翌年病菌从根部伤口或直接从幼根侵入，后在维管束内繁殖，并扩展到枝叶。发病适温为19～24 ℃。该病在当年不再重复侵染。

（3）防治措施

①农业防治

一是种子消毒，进行轮作；二是用营养钵育苗，减少伤根；三是利用嫁接苗种植，可以较好地防止此病发生；四是发病后及时拔除病株烧毁，并撒上生石灰。

②化学防治

用50%苯菌灵可湿性粉剂1000倍液或50%多菌灵可湿性粉剂500倍液或30%琥胶铜可湿性粉剂600倍液等灌根，每穴药液量为250 mL。在植株零星发病时用药，每隔7～10天用药1次，连续防治2～3次。

7.辣椒疫病

（1）症状

辣椒疫病由鞭毛菌亚门真菌疫霉侵染所致，是一种辣椒毁灭性病害，又叫"死得快"。主要危害茎、叶、果实，叶片病斑暗绿色，并迅速扩大，使叶片一部分或大部分软腐易脱落，茎或果实染病也产生暗绿色斑，茎部从分枝处变为黑褐色，病部缢缩，植株凋萎死亡（图4-24）。

(2)发病原因

病菌在土壤中或病残体上越冬，通过浇水或雨水传播。病菌在 10~37 ℃范围内均可生活，最适温度是 30 ℃。

(3)防治措施

①农业防治

一是选用抗病品种；二是轮作倒茬，高垄栽培；三是加强田间管理。

图 4-24　辣椒疫病

②化学防治

发病初期用 72.2%霜霉威盐酸盐水剂 800 倍液或 72%霜脲锰锌可湿性粉剂 800 倍液或 25%嘧菌酯悬浮剂 1500 倍液或 68%精甲霜灵·锰锌水分散粒剂 500 倍液或 68.75%氟吡菌胺·霜霉威盐酸盐悬浮剂 1500 倍液喷雾，隔 7~10 天用药 1 次，连续防治 2~3 次。也可将波尔多粉（1 份硫酸铜+1 份石灰+20 份细土或炉灰渣）撒在根系周围防治，每株撒用药土 50~100 g。

8.辣椒炭疽病

(1)症状

辣椒炭疽病主要危害果实及叶片。果实感病最初在表面出现水浸状黄褐色病斑，扩大成圆形或不规则形凹陷，有稍隆起的同心轮纹，轮纹上有黑色小点，病斑边缘红褐色，潮湿时病斑上有浅红色黏稠状物质，干燥时病斑常干缩破裂；叶片被害，最初出现水浸状褪绿斑，逐渐呈褐色，中间为灰白色的圆形病斑，上面生黑色小点，病叶易脱落。

(2)发病原因

辣椒炭疽病由半知菌亚门真菌辣椒炭疽菌和辣椒丛刺盘孢侵染所致。病菌在种子或病残体及土壤中越冬，靠气流、灌水传播蔓延。发病温度为 12~33 ℃，最适温度为 27 ℃，相对湿度为 90%以上。

(3)防治措施

①农业防治

一是选用抗病品种；二是用 55 ℃温水浸种 15 min 后催芽；三是适当增施磷、钾肥，提高植株的抗性。

②化学防治

发病初期喷 75%百菌清 600 倍液或 50%炭疽福镁 600 倍液或 70%甲基硫菌灵 600 倍液。每隔 7 天喷 1 次，连喷 3~4 次。

9.辣椒病毒病

(1)症状

辣椒病毒病由病毒侵染所致。常见的有花叶、黄化、坏死、畸形等 4 种症状。花叶叶片形成褪绿斑、叶片皱缩、叶片明显变黄出现落叶现象；部分组织变褐坏死，表现为条斑；分枝增多，形成丛枝，有时由几种病毒复合侵染，几种病状同时出现，引起落叶、落花、落果，严重影响辣椒的产量和品质。

(2)发病原因

辣椒病毒病一般由蚜虫带毒传染，高温干旱有利于蚜虫发生，可加重病毒病扩展蔓延；日照强度过大，病毒加重。

(3)防治方法

①农业防治

一是选用抗病品种，尖椒种较圆椒种抗病；二是培育无病壮苗。

②化学防治

一是种子消毒。先用清水浸种 3~4 h，再放入 10%磷酸三钠溶液中浸种 30 min，捞出后冲洗干净再浸种、催芽；二是用吡虫啉、乐果敌杀死等提早防治蚜虫，消灭传染源；三是发病初期喷盐酸吗啉胍 1000 倍液或病毒 A 600 倍液，或用 20%病毒 A 可湿性粉剂 500 倍液或病毒 K 300~400 倍液或 1.5%植病灵乳油 1000 倍液或 83 增抗剂 100 倍液或 5%菌毒清水剂 400 倍液或 0.5%抗毒剂 1 号水剂 200~300 倍液或

2%宁南霉素水剂 500 倍液喷雾防治，隔 7~10 d 喷 1 次，连喷 2~3 次。

(二)主要虫害

1.蚜虫

(1)为害特点及发生规律

同白菜类蔬菜蚜虫的症状及发病规律。

(2)防治措施

①农业、物理防治

一是清除田间杂草；二是田间挂银灰膜条避蚜，或利用黄板诱蚜。

②化学防治

采用 10%吡虫啉可湿性粉剂 1500 倍液或 50%抗蚜威可湿性粉剂 2000~3000 倍液等化学药剂喷施。每隔 5~7 天 1 次，连喷 2 次。

2.白粉虱

(1)为害特点

以成虫、若虫群集在叶背面吸食汁液，分泌蜜露诱发煤污病，污染叶片和果实，并可传播病毒病。该虫北方冬季在室外不能存活。冬季温室作物上的白粉虱，是露地春季蔬菜的虫源，在温室和露地蔬菜生产区，白粉虱可周年发生。

(2)防治措施

①农业、生物、物理防治

一是培养或定植"无虫苗"；二是人工繁殖释放丽蚜小蜂，温室内白粉虱成虫在 0.5 头/株以下的每隔 2 周放 1 次，共放 3 次；三是黄板诱杀成虫，每亩放置 32~34 块，置于植株同等高度。

②化学防治

采用 25%阿克泰水分散颗粒剂 2500 倍液或 10%吡虫啉可湿性粉剂 1500~2000 倍液或 25%扑虱灵可湿性粉剂 1500 倍液或 2.5%联苯菊酯乳油 2500 倍液或 1.8%阿维菌素乳油 1500 倍液喷施，间隔 7~10 天喷施 1 次。

3.棉铃虫

(1)为害特点

幼虫蛀食植株的蕾、花、果，偶尔蛀茎为害，主要是蛀果。幼果被蛀后常引起腐烂、脱落。棉铃虫以蛹在土中越冬，是喜温喜湿性害虫，成虫（图4-25）产卵适温在23℃以上，幼虫发育以25~28℃和相对湿度75%~90%最为适宜。

图4-25　棉铃虫

(2)防治措施

虫害发生初期，交替喷洒BT乳剂250~300倍液或50%辛硫磷乳油1000倍液或10%氯氰菊酯1000倍液或0.5%甲维盐1500~2000倍液。

第三节　瓜类蔬菜

瓜类蔬菜起源于热带，喜温热的气候，不耐寒冷，宜在温暖季节栽培。瓜类蔬菜均以果实做蔬菜供食，属葫芦科一年生草本植物，只有佛手瓜为多年生宿根植物。目前栽培的瓜类蔬菜主要有黄瓜、西葫芦、南瓜、冬瓜、瓠瓜、苦瓜、丝瓜、蛇瓜以及佛手瓜等。瓜类蔬菜基本上是雌雄异花同株，易天然杂交，采种时应注意隔离。

瓜类蔬菜根系一般都很发达，但容易木栓化，再生能力弱，育苗移栽时需护根。茎蔓性，茎上生有卷须，借以攀缘向上，需进行支架栽培；有的适于爬地生长，节上易发生不定根。其分枝能力很强，主、侧蔓均可结瓜，但品种和品种之间主、侧蔓结瓜的优势不同。随着茎蔓的生长，有陆续开花结果的习性，为了平衡其生长和发育，调节其营养生长和结果之间的关系，除通过施肥、灌水等措施外，尚需采用整枝、压蔓、摘叶等技术。

一、黄瓜

黄瓜原产于印度，在我国栽培历史悠久，全国各地均有栽培，是大宗蔬菜之一，具有经济价值高、易于周年生产的特点，在调节市场供应、满足人民生活需要方面起着重要的作用。

(一)对环境条件的要求

1.温度

黄瓜喜温，生育适宜温度为 18~29 ℃，低于 12 ℃生长缓慢，5 ℃以下停止生长，0~2 ℃为冻害温度。生长发育期间要求一定的昼夜温差，以白天 25~30 ℃，夜间 13~15 ℃较为理想。黄瓜虽然喜温，但是对高温的忍耐能力较差，35 ℃以上生长发育不良，超过 40 ℃就会引起落花化瓜。最适土壤温度为 25 ℃，12 ℃以下根系生理活动受阻，8 ℃以下根系不能伸长，根毛发生最低温度为 12~14 ℃。

2.湿度

黄瓜根系浅，叶片大，地上部消耗水分多，对空气湿度、土壤水分要求都比较高。适宜土壤相对湿度为 85%~90%，空气相对湿度为 70%~90%。

3.光照

黄瓜喜光，也较耐弱光，最适光照为 40~60 klx，2 klx 以下不利于高产，1.5 klx 以下停止生长，光补偿点为 1.5~2.0 klx。

4.土壤与养分

黄瓜根系较弱，要求有机质丰富、疏松透气的壤土。在微酸性到弱碱性土壤均可栽培。黄瓜根系需要较多氧气，土壤含氧量在 10%左右较为适宜。黄瓜一生吸收钾最多，氮次之，再次是钙、磷、镁等，结瓜盛期是养分的吸收高峰，吸收量占到所需养分的 50%~60%。在一定范围内，增加二氧化碳浓度，可以提高黄瓜产量和质量。

(二)类型和品种

黄瓜根据品种的分布区域及其生态学性状分为下列类型：

1.南亚型黄瓜

此型分布于南亚各地。喜湿热，严格要求短日照。茎叶粗大，易分枝。果实大，单果质量为 1~5 kg，果短圆筒或长圆筒形。皮厚色浅，瘤稀，刺黑或白色，皮厚，味淡。地方品种很多，有锡金黄瓜、中国版纳黄瓜及昭通大黄瓜等。

2.华南型黄瓜

此型分布在中国长江以南及日本各地。植株较繁茂，耐湿热，为短日照植物。果实较小，瘤稀，多黑刺。嫩果绿、绿白、黄白色，味淡。熟果黄褐色，有网纹。代表品种有昆明早黄瓜、广州二月青、上海杨行、武汉青鱼胆及日本的青长、相模半白等。

3.华北型黄瓜

此型分布于中国黄河以北及朝鲜、日本等地。植株生长势中等，喜土壤湿润，对日照长短的反应不敏感。嫩果棍棒状，绿色，瘤密，多白刺。熟果黄白色，无网纹。代表品种有山东新泰密刺、北京大刺瓜以及杂交种津杂 1 号、津杂 2 号、鲁春 32 等。

4.欧美型露地黄瓜

此型分布于欧洲及北美洲各地。植株繁茂，果实圆筒形，中等大小，瘤稀，白刺，味清淡，熟果浅黄或黄褐色。有东欧、北欧、北美等品种群。

5.小型黄瓜

此型分布于亚洲及欧美各地。植株较矮小，分枝性强。多花多果，果实小。代表品种有中国扬州乳黄瓜等。

(三)栽培季节与茬口安排

黄瓜为喜温性蔬菜，对栽培季节要求极为严格，露地栽培只能在无霜季节进行。按栽培季节，可分为春黄瓜、夏黄瓜和秋黄瓜 3 个茬次。黄瓜病害较多，不宜连作，也不能与葫芦科蔬菜连作，轮作年限为 3~5 年。

(四)栽培技术

露地春黄瓜采取拱棚等设施育苗或购商品苗，夏、秋黄瓜一般直播。

1.品种选择

选择耐低温、弱光，单性结实能力强，早熟丰产、抗逆性和抗病性强的品种。春黄瓜品种有津研 4 号、津杂 1 号、宁阳大刺等；夏黄瓜品种有津春 4 号、津杂 2 号等；秋黄瓜品种有津杂 4 号、津春 4 号、鲁黄瓜 1 号等优良品种。

2.播种与育苗

(1)播种

播种时种子要平放，覆土 1 cm 厚。春季育苗要在拱棚等设施中进行，播种后覆盖地膜保温保湿，确保种子发芽的温度和湿度。

(2)苗期管理

出苗前主要做好保温工作，提高地温，促进种子发芽。一般白天温度控制在 22~25 ℃，夜间控制在 12~15 ℃。第一片真叶出现后，幼苗开始花芽分化，应适当降低夜温，促进雌花的发生，通常白天温度控制在 20~25 ℃，夜间 15~18 ℃。充足光照是培育壮苗的重要因素之一，应尽量让幼苗保持有充足的光照。育苗期间的适宜苗床湿度为床面经常保持半干半湿状态。育苗钵育苗容易发生干旱，应勤浇水，保证水分供应。幼苗定植前 7~10 天，白天应逐渐加大通风量，夜间减少覆盖，对幼苗进行低温锻炼，增强幼苗的适应能力。

(3)壮苗标准

子叶完好，具 3~5 片真叶；节间较短，叶柄与主蔓夹角 45°；叶深绿色，叶片肥厚；茎粗壮，根系发达；无病斑和虫害。

3.整地、施肥、作畦、定植

结合整地，每亩施腐熟厩肥 5000 kg，或堆肥、土粪等7500 kg，过磷酸钙 25~30 kg，或磷酸二铵 10~13 kg，施肥后深翻细耙。

一般要求在当地终霜后、10 cm 地温稳定在 10 ℃以上后开始定植。低畦栽培一般畦内行距 40 cm 左右，畦间相邻行距 80 cm 左右，株距 25~30 cm。高畦栽培一般每畦栽 2 行，畦内行距 40 cm，株距 25~28 cm。一般用暗水法定植。即开沟后将苗按株距排放入沟内，覆少量土固定住苗后，将沟灌满水，水渗后覆土平沟。定植深度与原土坨表面齐平即可。大小苗要分区定植，以便于区别管理。

4.田间管理

(1)中耕除草

定植后结合缓苗进行除草和中耕松土，以提高地温和保墒，促进缓苗。缓苗后浇缓苗水，结合浇水适时中耕 3~4 次，保持土壤有良好的透气性。如果土壤湿度较大，可不浇水，只中耕除草。

(2)搭架引蔓

在黄瓜茎蔓生长到 20~30 cm 时，及时搭架引蔓。露地黄瓜有"人"字形架和圆锥形架 2 种架型。春季露地往往多风，容易磨伤茎蔓，应采用"8"字扣方式绑蔓上架，使瓜蔓与架竿保持一定的距离。

(3)整枝摘心

坐瓜前长出的侧枝应及早抹掉，坐瓜后发出的侧枝，保留 1~2 朵雌花摘心。瓜蔓爬到架顶后将主蔓摘心，促回头瓜生长。

(4)肥水管理

浇足定植水和缓苗水后，坐瓜前一般不再浇水，控水蹲苗。当植株叶色转为深绿，叶片增厚，刺毛变硬，根瓜坐稳，上部雌花已陆续开放，地上部略显缺水状时，结束蹲苗结合施肥小水勤浇，以保持土壤湿润为宜，一般 3~5 天浇 1 次水，盛果期后一般 1~2 天浇 1 次水。

黄瓜性喜肥，但根系吸收能力弱，应采用少量多次、勤施轻施的方法进行追肥。一般结合缓苗水每亩追施 10 kg 尿素或充分腐熟的人粪尿 1000 kg。根瓜采收后，用充分腐熟的人粪尿（每亩每次 1000 kg）或尿素（每亩每次 15 kg），交替追施，10 天左右追肥一次。为防止植株脱肥早衰,用0.1%尿素和0.2%磷酸二氢钾交替进行叶面追肥。结果后期减少追肥量。

5.采收

采摘一般要求是根瓜尽早采、前期单瓜质量为100~150 g、中后期单瓜质量为50~250 g。如果瓜秧旺、幼瓜多,要疏瓜,并适当控水;如果瓜秧细弱或花打顶,要把幼瓜全部去掉,并加强水肥管理。若遇连阴天或连续低温,要适当早采,以防植株衰弱和患病。

(五)黄瓜主要生理病害及防治措施

1.畸形瓜

(1)症状

黄瓜果实呈现尖嘴、大肚、蜂腰、僵瓜和弯曲等形状(图4-26)。

(2)发病原因

一是光照不足,或夜温过高,或幼苗营养不足,导致花芽分化不良,子房发育不良,幼小时就弯曲,结瓜后形成弯曲瓜;二是瓜秧徒长,养分大量流向

图4-26 黄瓜畸形瓜

茎叶,果实得不到足够的营养供应,过早停止生长,形成僵瓜;三是授粉不良或受精不完全或营养供应不足,瓜内没有种子或只是局部种子发育良好是形成尖嘴瓜、大肚瓜和蜂腰瓜的主要原因;四是高温干旱,植株衰老,或温度、土壤湿度变化剧烈,也容易诱发各种畸形瓜。

(3)防止措施

加强田间管理,确保温湿度适宜,光照充足,合理施肥,创造授粉和受精良好的条件。

2.苦味瓜

(1)症状

黄瓜口感发苦。

(2)发病原因

长时间低温、光照不足、干旱，以及偏施氮肥、缺肥及植株衰老等使果实中的苦瓜素含量过高。

(3)防治措施

确保光照充足，防止长时间低温、缺肥及植株衰老，避免干旱、偏施氮肥。

二、西葫芦

西葫芦又名番瓜，别名美洲南瓜，原产于中美洲。西葫芦在我国北方栽培较多，在瓜菜类蔬菜栽培中规模仅次于黄瓜，是蔬菜市场上的主要种类之一。西葫芦含有较多的维生素 C、葡萄糖等营养物质，钙的含量极高，具有润泽肌肤、调节人体代谢、清热利尿、润肺止咳、减肥、抗癌防癌等功效。

(一)对环境条件的要求

1.温度

西葫芦属喜温性蔬菜，种子在 13 ℃以上开始发芽，25~30 ℃对种子发芽最有利。其生长的适宜温度为 18~25 ℃，开花结果期温度要求高于 15 ℃。西葫芦不耐高温，温度高于 32 ℃以上花器发育不良，极易发生病毒病。同一般的瓜类蔬菜相比，西葫芦忍受低温能力较强。

2.光照

西葫芦属短日照作物，较能忍耐弱光，在低温、短日照的条件下有利于雌花提早形成及数目增加，节位降低。光照时数不足的条件下，植株生长不良，叶色淡，叶片薄，节间长，落花、化瓜现象严重。

3.水分

西葫芦根系发达，抗旱能力很强，但由于其叶片大，蒸腾强，需要大量的水分。生长发育期应保持土壤湿润。坐瓜前期，应保持土壤见干见湿，浇水过多易造成茎蔓生长过旺而徒长，导致落花落果，过于干旱又会抑制生长发育。结果期果实生长旺盛，需水较多，应适当多浇水，保持土壤湿润。

4.土壤和养分

西葫芦对土壤要求不严格，在黏土、壤土、沙壤土中均可栽培。以中性或微酸性（pH 5.5~6.7）的土壤最适。因其根群发达，宜选用土层深厚、疏松肥沃的壤土。西葫芦生长发育很快，产量高，因此，需肥量较大。其中需钾最多，氮次之，磷肥最少。

(二)类型和品种

西葫芦的品种类型包括矮性、半蔓性和蔓性三种类型。

1.矮性类型

此型又叫短蔓类型，茎短，一般为 0.3~0.5 m，节间短，茎粗壮，多直立生长。3~8 节出现雌花，雌雄花间隔叶数为 1~2 片叶，有的连续出现雌花。矮性品种较耐低温和弱光，适合密植，分枝性弱，管理省工，目前是各地栽培的主要品种类型。主栽品种有早青一代、小白皮、郑州一窝猴、荷兰引进品种黑美丽等。

2.半蔓性类型

节间较长，蔓长 0.5~1 m，中熟种，栽培较少。

3.蔓性类型

此型又叫长蔓类型。生长势强，主蔓 3~4 m 长，结果晚，10 节左右才发生雌花，雌雄花间隔 2~4 片叶，较耐热，晚熟，营养面积大，管理费工，在北方农村栽培较多，主要品种有北京笨西葫芦、青皮西葫芦、黑皮西葫芦等品种。

(三)栽培季节与茬口安排

西葫芦不耐霜冻，在露地栽培中，除育苗外，整个生长期必须安排在无霜期内。一般气温 15 ℃左右定植或直播。露地栽培可分为露地早熟栽培，秋冬延后栽培及恋秋栽培等。

1.露地早熟栽培

阳畦内播种，终霜后定植，上市早，产量高，是露地栽培的主要形式。

2.秋冬延后及恋秋栽培

秋冬延后及恋秋栽培均属秋季栽培，苗期处在高温干旱季节，病毒病易发生，应采取遮阳、防虫网等设施育苗。西葫芦的病毒病和白粉病发生严重，特别是病毒病，因此，必须进行2~3年的轮作制度，最好与茄科蔬菜轮作。

(四)露地春早熟栽培技术

1.品种选择

一般选用矮性、结瓜集中、早熟、抗病品种，如花叶西葫芦、早青一代等。

2.播种和育苗

西葫芦既可直播也可育苗，目前多采用塑料拱棚育苗。育苗栽培可避开高温季节，病害轻，还可提早上市，节省用种量。

(1)播种

为了促进萌芽，最好不用干籽直播，一般采用温汤浸种后催芽，当胚根突出种皮 0.5 cm 时即可播种。

(2)播期的确定

西葫芦与黄瓜相比，耐寒性、生长势均强。可根据育苗条件及定植期来推算当地适宜播期，西葫芦的苗龄为 30 天左右，春西葫芦一般在 3 月下旬播种。西葫芦根系发达，育苗移栽苗龄要小，土坨要大，直径在 10 cm 以上，避免定植时伤根多、缓苗慢。

(3)播种方法

一是直接将催好芽的种子平放于营养土方 10 cm×10 cm 或营养钵的中央孔，忌插入孔内，以免带帽出土，播后覆 2 cm 厚的营养土；二是将催芽的种子播于沙床或沙箱内，两片子叶展开即可移栽到苗床，芽苗移栽幼苗生长快，缺点是费时费工。

(4)苗期管理

播种至出苗白天温度保持在 25~28 ℃；子叶展开后，适当降温，白天 18~23 ℃，夜间 8~12 ℃，以避免幼苗徒长，早晨通风前最低保持 6~8 ℃；定植前加强对幼苗的低温锻炼，最低降到 5 ℃，以适应早春低温条件。播种前浇足底水，苗期一般不浇水，若轻度萎蔫，进行点水覆土，严重萎蔫时可在晴天上午浇水，浇水后加强通风，避免幼苗徒长，若幼苗黄弱，可用浓度为 0.1%~0.3% 的尿素及磷酸二氢钾叶面喷肥，以培育壮苗。西葫芦的壮苗标准：日历苗龄 30 天，生理苗龄 4 叶 1 心，株高 10 cm 左右，茎粗 0.4~0.5 cm，叶色浓绿，初显雄花。

3.定植

(1)整地、施肥、起垄

结合整地施足基肥，每亩施有机肥 4000~5000 kg、过磷酸钙 50~100 kg，深翻耙平，按垄面宽 85 cm、底宽 95 cm、垄沟宽 25 cm、垄高 25~30 cm 起垄。

(2)定植时期

定植期适当早些，目的是躲避高温。西葫芦是瓜类蔬菜中露地定植最早的，一般谷雨前露地定植，要求地下 10 cm 土壤温度稳定在 13 ℃以上，若采用薄膜小棚短期覆盖，定植期还可提前半月左右。

(3)定植方法和密度

最好选用晴天上午进行暗水定植。按株距 50 cm、行距 50 cm 在垄面上双行定植，每亩定植 2000 株左右。定植时避免散坨伤根，覆土深度与原土坨相平，若地膜覆盖的，栽完后盖严地膜，增温保湿，避免草害。

4.田间管理

(1)灌水

西葫芦是喜湿性蔬菜，要求土壤湿度高。浇足定植水后 4~5 天浇缓苗水，之后及时中耕蹲苗，促进根系生长，一般中耕 2~3 次。根瓜坐住后浇催瓜水，以促进果实膨大。以后根据天气和植株长势灌水，前期 5 天左右浇一次水，结果盛期需水量增加，应 3~4 天浇一次水，直到拉秧。

(2)追肥

追肥结合浇水进行。定植后第一次追肥结合催棵水进行，以有机肥为主，如腐熟农家肥、饼肥等，也可用化肥。第二次追肥结合催瓜水进行，以速效氮肥为主，每亩可施尿素 7.5~15 kg，或硫酸铵 15 kg。根瓜收获后生长加快，产量提高，再追肥 1~2 次。

(3)植株调整

矮生西葫芦一般不整枝，虽在主蔓中下部发生侧枝，但侧枝生长势弱，对去侧枝要求不严格，管理精细时，中下部的侧枝仍要去掉。长蔓品种中下部侧枝生长势强，应及时去掉。短蔓西葫芦主蔓短，一般不摘心，长蔓品种在生长发育后期要摘心。

(4)人工辅助授粉

西葫芦自然结实率低，花期短，早春开花时温度低，昆虫传粉活动少，影响授粉受精，为避免落花、化瓜，应进行人工辅助授粉。西葫芦花凌晨 4—5 时开放，人工授粉宜在天亮后 7—9 时进行，雨天更要及时授粉。方法是摘取雄花，将花药涂抹在雌花柱头上；也可用浓度为 30~40 mg/kg 的 2,4-D 蘸花；或 2,4-D 和 "920" 的混合液蘸花，浓度为 30~40 mg/kg。蘸花时加入 0.1%多霉威，以防止灰霉病的发生。

5.收获

西葫芦从定植到采收一般为 30 天左右，采收时期为 40~45 天。西葫芦瓜把粗短，要用利刀或剪刀收瓜。采收原则是早上收瓜，根瓜早收，以免化瓜、坠秧，勤收腰瓜，避免瓜秧上一次留瓜过多。采收标准为花后 10 天，嫩瓜质量达 250 g 左右即可采收。

(五)西葫芦生理病害及防止

1.畸形瓜

(1)症状

常见的有两种：一种是尖嘴型，果肩部粗大，向果顶部逐渐变细；

另一种是大肚型，果肩部较细，果顶部较大（图4-27）。

(2)发病原因

一是尖嘴型：有些品种容易出现畸形果，开花时未授粉，果实虽然坐住了但都是无籽的，缺少了促进营养物质向果实运输的原动力，造成果顶部营养不良，形成尖嘴瓜；肥水供应不足，温度忽高忽低；土壤黏重、通透性差、沤根等都容易引起尖嘴瓜的

图4-27　西葫芦畸形瓜

产生。二是大肚型：授粉受精不完全，只在果顶部位产生种子，而果肩部没有产生种子；氮肥施用过多，钾肥供应不足，果实发育前期缺水，中后期大水都易产生大肚瓜。

(3)防治方法

选择不易产生畸形瓜的品种栽培，栽培地块选择有机质含量高、通透性好的壤土；早春栽培注意温度变化，不可定植过早；雌花开放当天及时授粉，花粉要抹均匀；加强肥水管理，合理配合施用氮、磷、钾肥，适时适量追肥浇水。也可用柯旺达进行喷施，一般32 g对水15~20 kg，初花期开始喷施，以后每隔20天喷施1次，直至收获，增产幅度可达20%。

2.叶枯病

(1)症状

叶枯病多在生长中后期发病，一般老叶发病较多。发病初期在叶缘或叶脉间形成黄褐色坏死小点，周围有黄绿色晕圈，以后变成近圆形小斑，有不明显轮纹，很快几个小斑相互连结成不规则坏死大斑，终致叶片枯死（图4-28）。

(2)发病原因

生长前期地温低，土壤黏重、过干或过湿，影响根系的发育。开花坐果后，由于蒸腾旺盛根系吸水能力弱，造成叶片萎蔫，土壤中缺镁，或锰的含量过高，也会诱发此病。

(3)防治方法

一是注意轮作倒茬，避免连茬

图4-28 西葫芦叶枯病

种植，多施有机肥，深翻土壤，高畦地膜覆盖定植后中耕，以促进根系发育，避免土壤过干或过湿。二是坐果数不宜过多，应注意及时采摘，防止植株早衰或影响根系发育。三是发病后加强田间管理，一段时间后植株可恢复正常。

三、苦瓜

苦瓜原产于东印度，主食嫩果，也可加工糖渍、晒干。苦瓜果实含有丰富的蛋白质、糖和维生素 A、维生素 C。嫩果有一种特殊苦味，食后清凉可口；成熟瓜味带甜，有增进食欲作用，为夏秋优质蔬菜之一。苦瓜性寒味苦，清暑解热，明目解毒，具有较高的药用价值。夏季常食苦瓜，有凉血解毒之功效，可防止中暑、喉炎、胃肠炎、皮肤炎等症，因而苦瓜深受大家喜爱。

(一)对环境条件的要求

1.温度

苦瓜喜温，较耐热，不耐寒。种子发芽适温为 30~35 ℃，25 ℃左右的温度，15 天左右便可育成具有 4~5 片真叶的幼苗，15 ℃左右需 20~30 天。开花结果期需要 20 ℃以上的温度，以 25 ℃左右为宜。在 15~25 ℃的温度范围内，温度越高，越有利于苦瓜的生长。30 ℃以上或 15 ℃以下的温度对苦瓜的生长、结果都不利。

2.光照

苦瓜原属短日照植物，喜光不耐阴，但经过长期的栽培和选择，对光照的要求已不太严格。但光照充足利于光合作用，有机养分积累得多，坐果良好，产量和品质提高。若在花期遇上低温阴雨，光照不足，则植株徒长，严重影响到正常的开花、授粉，从而发生落花、落蕾现象。

3.水分

苦瓜喜欢潮湿但怕涝，生长期间要求有 70%~80% 的空气相对湿度和土壤相对湿度，所以栽培上既要加强水分管理，又要在雨后及时排水防涝。

4.土壤和养分

苦瓜对土壤的要求不高，适应性广，在肥沃疏松、保水保肥力强的壤土上生长良好。苦瓜对土壤肥力的要求较高，土壤中有机质充足，植株生长健壮，茎叶繁茂，开花结果多，产量高，品质优。生长后期肥水不足，植株容易发生早衰，叶色变浅，开花结果少，果实小，苦味增浓，品质下降。特别在结果盛期要加强肥水管理，追施充足的氮、磷肥。

(二)类型和品种

苦瓜的类型，按瓜皮颜色来分，有青（绿）皮苦瓜和白皮苦瓜两种类型。按果实形状来分，有短圆锥形、长圆锥形及长圆筒形三类。按果实大小分，有大型苦瓜和小型苦瓜两大类型。现在我国各地栽培的苦瓜，大都属于大型苦瓜类型。近年来，北方各省特别是大城市郊区，栽培越来越多，通过互相引种、驯化和育种，形成了各地自己的地方品种。

(三)栽培季节与茬口安排

露地苦瓜栽培季节依不同地区气候而定。北方地区，早春及秋末气候较为冷凉，一般 3 月末至 4 月初在设施内育苗，终霜后定植于露地，6—9月收获。采用设施育苗，3月下旬或4月上旬在大棚温室内定植，利用地膜覆盖和小拱棚短期保护栽培，可提早至5月份上市。

(四)栽培技术

1.品种选择

春种苦瓜要选用高产、高效、优质的杂交良种，如长白甘瓜、大白苦瓜、粤丰一号、碧绿二号、绿宝石等。

2.播种与育苗

苦瓜种皮虽厚，但容易吸收水分，在40~45 ℃的温水浸种4~5 h后，30 ℃左右条件下催芽，48 h便开始发芽，60 h大部分发芽。催芽露白即可点播，根尖朝下，轻轻按入营养土中。育苗应在日光温室或塑料拱棚等设施中进行。

3.整地、施肥与定植

基肥一般每亩用腐熟农家肥1500 kg、磷肥25 kg、钾肥10 kg，将以上肥料混合均匀后施入穴中，然后盖上一层薄细土。定植前先整地，畦宽2 m，每畦定植2行。在幼苗3~4片真叶时带土定植，行距120 cm，穴距40 cm，一般每亩植1100~1400株为宜。移栽后3~5天施淡人粪尿水做"出嫁肥"。

4.搭架、引蔓、整蔓

苦瓜蔓细长，要及时搭架绑蔓，以免大风损伤，当幼苗开始抽蔓时采用人字形竹架，开始爬蔓时应人工进行绑蔓引蔓上架，引蔓上架后将蔓茎部40 cm以下抽出的侧蔓摘除，并适当摘除过密老叶及上部细弱侧蔓，通风透光。

5.肥水管理

定植后要立即灌定植水，定植后1周灌缓苗水，而后中耕蹲苗，10天左右结束蹲苗，随水追肥促进生长，以后每隔6~7天浇1次水。开花期要适当蹲苗，中耕保墒，待第1个瓜座住后，再灌水促秧。盛果期5~7天灌1次水。苦瓜苗期不耐肥，追肥要薄施。结瓜开始后要持续供肥，结合浇水，每 10~15 天追肥 1 次，每次每亩追尿素 10 kg 或复合肥 15~20 kg。结果盛期增施 2~3 次过磷酸钙，每次每亩 10~20 kg，以防止早衰，延长采收期。如在盛果期追肥不足，则植株生长势弱，侧枝细，叶色偏黄，结瓜少，瓜个小，产量低，品质变差，苦味增浓。

6.采收

苦瓜是以嫩果（瓜）供食用的，一般开花后 12~15 天为采收期。采收标准为：果实的条状或瘤状突起饱满，果顶颜色变淡，花冠干枯脱落，果皮有光泽。若采收过晚，则瓜顶部变为黄色或橘红色，苦味变淡，肉质变软，品质降低；若采收过早，则瓜条未充分长大，苦味浓，品质差，产量低。采收时最好用剪刀从瓜柄基部剪下，以免用手采摘时撕伤植株或叶片。

(五)苦瓜生理病害及防治

1.苦瓜叶枯病

(1)症状

叶枯病主要危害叶片，初期叶面出现圆形至不规则形褐色或暗褐色轮纹斑，后扩大，直径 2~5 mm，布满叶面，病情严重的，病斑融合成为大的斑块，病部变薄，致整片叶片

图 4-29 苦瓜叶枯病

干枯，形成叶枯（图 4-29）。果实染病时，在果面上产生四周稍隆起的圆形褐色凹陷斑，可深入果肉，引起果实腐烂。

(2)发病原因

一是种植密度大、通风透光不好，氮肥施用太多，生长过嫩，抗性降低；二是土壤黏重、多年重茬，田间病残体多，肥力不足，耕作粗放，杂草丛生等；三是施用未充分腐熟的有机肥，土壤过于潮湿；

四是日照不足或寒流过早侵袭，以及对北方的气候条件不适应等。

（3）防治措施

一是选用抗叶枯病强的品种栽植；二是增施腐熟有机肥，合理施用化肥，做到氮、磷、钾肥的配合使用；三是轮作倒茬，及时清除田间及周边杂草；四是选用排灌良好的田块，加强水分管理，适时早播、早移栽、早间苗、早培土、早施肥，及时中耕培土，培育壮苗；五是避免在阴雨天气整枝，减少植株伤口和病菌传播途径；六是发病后及时防治。

2.低温障碍

（1）症状

北方栽培的苦瓜在晚霜来临前遇到降温或受到寒流侵袭，叶片组织呈黄白色，或不发根或花芽不分化，甚至导致一些寄生物的侵染，造成其他病害的发生，受害较重的会导致外叶枯死或部分真叶枯死，严重的植株呈水浸状，后干枯死亡。

（2）发病原因

苦瓜早春或晚秋栽培，低温尤其是寒流侵袭或突然降温均会引起低温障碍的发生。当温度低于 5 ℃时生理机能便会出现障碍，低温时的植物体内的水分结冰，使细胞原生质的水分析出，致使细胞脱水而死，轻者造成危害，重者大量死亡。

（3）防治措施

一是选用耐低温品种；二是选择天气晴朗时间定植；三是在霜冻到来之前浇 1 次小水，可有效预防霜冻的危害；四是幼苗定植前应对幼苗进行低温锻炼，以提高幼苗的抗冻能力，并采取适当的保温措施。

四、瓜类蔬菜病虫害防治

瓜类蔬菜有相同的病虫害，常见的有病毒病、霜霉病、白粉病、蔓枯病、枯萎病、炭疽病、疫病、细菌性角斑病以及蚜虫和白粉虱等。

(一)主要病害防治技术

1.病毒病

(1)症状

瓜类病毒病又称花叶病，表现为节间缩短或缩节丛生，植株矮小，不结瓜或瓜皮上有瘤状突起，结畸形瓜，味苦，不堪食用；叶片变色、畸形、叶质硬脆。变色叶大体有花叶型、黄化型及花叶黄化两者混合型，畸形有皱缩、病斑、蕨叶、扇叶、卷叶、叶变等。

(2)发病原因

病毒病是由黄瓜花叶病毒、甜瓜花叶病毒、西瓜花叶病毒等病毒侵染引起。花叶病毒病依靠汁液摩擦和蚜虫传毒。一般高温、干旱、管理粗放、蚜虫为害严重的瓜田发病严重；肥水不足、植株衰弱和连作瓜田发病严重。

(3)防治措施

①农业防治

一是加强栽培管理。培育壮苗，提早育苗、定植和收获，以避开蚜虫及高温发病盛期。二是铲除田边杂草，减少侵染来源，合理施肥和灌水，做好田间管理。

②化学防治

一是种子消毒；二是要及时喷药消灭蚜虫；三是苗期、发病初期喷洒20%病毒A可湿性粉剂500倍液或1.5%植病灵乳油1000倍液，连续喷2~3次。

2.霜霉病

(1)症状

该病主要危害瓜类蔬菜的叶片，一般下部老叶先受害，以后向上蔓延扩展。发病初期，在叶片上呈淡黄色小病斑，病斑扩大后受叶脉限制而呈四方形或多角形的黄褐色病斑，以后病斑愈合成大斑。发病严重时，全叶呈黄褐色干枯，最后植株干枯早死。

(2)发病原因

病菌借气流或雨水传播，不断重复侵染，无明显越冬期。在气温16~22 ℃、相对湿度85%以上及阴雨条件下，病害迅速流行，一般15~20天后可普遍发病。但在干旱或气温30 ℃以上的气候条件下，病害发展受限制，发病较轻。管理粗放、肥水不足或过度密植、瓜园荫蔽、长期积水容易诱发该病。

(3)防治措施

①农业防治

一是选用优良品种，培育无病壮苗；二是合理密植，搭架栽培，以利通风透光；三是科学排灌，防止渍水，科学施肥，以有机肥为主，有机肥、无机肥相结合，氮、磷、钾肥配合施用；四是对发病重的地块及时清除病株，集中无害化处理，减少病菌的重复侵染。

②化学防治

可选用58%瑞毒霉锰锌700倍液或25%雷多米尔800~1000倍液等杀菌剂喷雾防治。发病初期可每隔10天连续喷药2~3次。注意药剂不能重复使用。

3.疫病

(1)症状

疫病又称死藤，从苗期开始至成株期均可发病，不但危害叶片、茎干，而且危害果实，是毁灭性病害。苗期感病多从嫩梢发生，茎、叶、叶柄及生长点呈水渍状，暗绿色，最后干枯、秃顶、死亡。成株感病多从嫩茎或节部发生，发病初期在节间出现暗绿色水渍状病斑，后病部失水缢缩，叶片由下而上失水萎蔫；叶片受害是暗绿色水渍状斑点，后扩大为近圆形大病斑，呈艳红色，边缘不明显，阴湿时易腐烂并着生白色霉状物，干燥时易破裂；果实感病，病斑初呈水渍状，后病部凹陷，溢出胶状物，病斑扩大引致果实腐烂，表面生白霉。

(2)发病原因

其病原为瓜疫霉，疫病病原菌最适温度为 28~32 ℃，潜伏期一般为 2~3 天，发病的主要原因是连作、连续降雨、空气湿度大，大暴雨后易发生流行。

(3)防治措施

①农业防治

选用抗病品种，初发病时摘除病叶，通风减湿，及时拔除病株烧毁。

②化学防治

发病初期用杀菌剂 58%雷多米尔 600~800 倍液或金雷多米尔 600~800 倍液或 64%杀毒矾可湿性粉剂 500 倍液或 25%阿水西达悬浮剂 2000 倍液等喷雾防治，以上农药应交替使用，每 7~10 天 1 次，连续 2~3 次。

4.白粉病

(1)症状

白粉病主要发生在叶片上，其次是茎和叶柄上，一般不危害果实。初发病时，时片上出现白色小粉点，逐渐扩大呈圆形白色粉状斑，条件适宜时病斑扩大蔓延，连接成片，成为边缘不整齐的大片白粉斑区，严重时白粉斑布满整个叶片，后呈灰白色。有时病斑表面产生许多小黑点，叶片变黄，质脆，失去光合作用功能，一般不落叶。叶柄、嫩茎上的症状与叶片相似，只是白色粉斑较小，粉状物较少。

(2)发病原因

白粉病由一种瓜类单丝壳菌的真菌引起，病菌随残体、病株留在土壤或保护地的瓜类寄主上越冬，成为第二年的初侵染源。病菌靠风雨、气流、水溅传播蔓延。病菌孢子对湿度适应性较强，相对湿度 25%条件下也能萌发，往往在寄主受到干旱影响的情况下发病严重。病菌孢子萌发最适宜的温度为 20~25 ℃。30 ℃以上、−1 ℃以下，孢子很快失去活力。

(3)防治措施

选用抗病品种，施用腐熟有机肥，加强水肥管理，保持田间良好的通风透光。发现田间有零星小粉斑时立即喷药防治。白粉菌对硫制剂较敏感，发病初期可选用无机或有机硫制剂交替喷施 3~4 次，7~15 天 1 次，前密后疏。但有些瓜类（如黄瓜、甜瓜）品种对硫制剂较敏感，要注意喷施浓度，苗期慎用及避免高温下使用。还可选用 25%粉锈宁可湿性粉剂 2000 倍液或 25%阿米西达悬浮剂 1500 倍液或 20%粉锈宁乳油 2000~3000 倍液喷雾防治。

5.枯萎病

(1)症状

枯萎病又称萎蔫病，幼苗到成株均可受害，以结瓜期发病最盛，其典型症状是植株萎蔫。发病初期病株表现为叶片从下而上逐渐萎蔫，似缺水状，以中午最为明显，早晚尚能恢复，数日后则整株叶片枯萎下垂，不再恢复常态。纵切病茎还可见维管束变褐。病株易拔起，根部亦变褐腐烂。

(2)发病原因

引起瓜类枯萎病的病菌主要为尖镰孢菌。病菌在土壤、病残体及未经腐熟的肥料中越冬，成为来年病害的主要初侵染源。瓜类枯萎病是一种土传病害，其发病程度与土壤性质、耕作、施肥、灌水、育苗等栽培管理有密切关系。一般来看，连作（重茬）年限越长，病害越重，老菜区比新菜区发病更重。

(3)防治措施

①农业防治

一是实行轮作，避免连作；二是加强栽培管理，多施磷、钾肥和腐熟农家肥，高垄栽培，忌大水漫灌，及时清除残枝落叶。

②化学防治

一是种子消毒；二是药剂预防。于定植时、定植后 1~2 周、结瓜初期或发病始期根据实际采用穴施、沟施毒土或淋灌，结合基部喷施等办法施药预防控病。药剂可选用 30%土菌消水剂 1000 倍液或 14%双效灵水剂 300 倍液，定植时做定根水或移植后定期灌根，茎基部喷施 3~4 次，隔 5~15 天 1 次，前密后疏，瓜果采收前 20 天停止施药。

6.细菌性角斑病

（1）症状

图 4-30　黄瓜细菌性角斑病

黄瓜细菌性角斑病主要危害叶片，也可危害叶柄、卷须、果实和茎蔓。苗期至成株期均可受害。子叶染病，初呈水渍状，近圆形的凹形病斑，后变黄褐色。真叶染病，初为鲜绿色水渍状病斑，后逐渐变淡褐色、灰褐色或黄褐色（图 4-30）。病斑因受叶脉限制呈多角形。湿度大时，叶背病斑上可溢出乳白色细小浑浊水珠状菌脓，干后留白痕，病部质脆，有穿孔。其他部位染病，呈水渍状小点，沿茎沟纵向扩展，呈条状，湿度大时，可溢出菌脓。严重时纵向开裂，呈水渍状腐烂，变褐枯干，表面残留白痕。瓜条染病初现水渍状小点，后扩展连片，病部溢出污白色菌脓，严重时变软腐烂。

（2）发病原因

细菌性角斑病由假单胞菌属细菌侵染所致。病菌借风、雨传播，温室棚膜滴水可加重此病为害。其发病适温为 24~28 ℃，低于 10 ℃、高于 30 ℃发病受限，发病适宜相对湿度为 70%以上。相对湿度高于 85%以上，结露时发病重，病斑大，扩展快。

（3）防治措施

①农业防治

一是加强土肥水管理，培育健壮植株，提高其抗病性能；二是注意通气排湿，降低室内空气湿度，兼以高温抑制病菌侵染。

②化学防治

发病前每 10~15 天喷洒 1 次 1:0.7:240 波尔多液或 800 倍液绿乳俐液，保护植株。已经开始发病，可选用 50%DT 杀菌剂 500 倍液或 60% DTM 可湿性粉剂 500 倍液或 77%可杀得 400 倍液，交替喷洒，每 5~7 天 1 次，连续 2~3 次。

(二)主要虫害防治技术

1.瓜蓟马

(1)为害特点

成虫和若虫锉吸嫩梢、嫩芽、幼瓜和花的汁液，使嫩叶、嫩梢变硬卷缩，展开新叶出现条状斑点。虫口密度大时生长点和嫩芽枯死。幼瓜受害后硬化畸形，茸毛变黑，表皮锈褐色，引起落瓜。成瓜受害瓜皮粗糙，有斑迹，茸毛少，商品性差。

(2)防治方法

①农业防治

此虫繁殖快，抗药性强，必须采取综合性措施防治。一是集中育苗，确保育苗地无病源；二是塑料棚内营养钵育苗，或育苗床上使用防虫网或黄板；三是露地直播在垄面覆盖银灰膜，可对成虫起避忌作用，还能防止若虫落地化蛹。

②化学防治

药剂防治重点在苗期和零星发生期，当每株虫口达 3~5 头时喷药防治。可使用 10%高效灭百可乳油 5000 倍液或 40%乙酰甲胺磷乳剂 1000 倍液或 25%杀虫双水剂 500 倍液等，间隔 5~7 天交替使用，连续防治 3~4 次。

2.黄守瓜

(1)为害特点

成虫将叶片咬食呈锯齿状环形或半环形，还能咬断苗、啃食花和幼瓜；幼虫在土中咬食细根，蛀入主根，常使植株萎蔫枯死，在食害部分可见白色细长幼虫（图4-31）。

图4-31　黄守瓜危害症状

（2）防治方法

①农业防治

一是苗期上盖尼龙纱防成虫进入，或在苗周围撒草木灰、烟草粉等，阻止成虫产卵；二是瓜类与小麦、玉米等间作，可明显减轻为害；三是垄面铺银灰地膜，以忌避成虫产卵，也兼防瓜蚜，清晨成虫不活动时进行人工捕捉。

②化学防治

药剂防治重点在瓜苗移栽前后至5片叶前。药剂可选用2.5%溴氰菊酯4000倍液或80%敌百虫（美曲膦酯）可溶性粉剂1500倍液。如幼虫危害根部，可用90%敌百虫（美曲膦酯）1500~2000倍液，每株500 mL灌根1~2次。

3.潜叶蝇

（1）为害特点

幼虫在叶片组织内潜食，使叶肉内形成弯曲图画似隧道，随幼虫生长隧道宽大，严重时全叶枯萎。高湿时隧道上腐生灰霉病菌。

（2）防治方法

①农业防治

一是蔬菜收获后将尾菜及时进行密封高温堆肥。二是注意观察检查植株下部叶片，及时摘除有隧道叶片，以降低虫口基数。

②化学防治

一是诱杀越冬代成虫。用甘薯或胡萝卜煮液为诱饵，加0.05%敌百虫（美曲膦酯）为毒剂，在越冬代成虫羽化期田间边行分散喷洒。二是发现叶片上有隧道及时喷药防治。可用灭杀毙（21%增效氰·马乳油）8000 倍液或 2.5%溴氰菊酯 3000 倍液或 80%敌百虫（美曲膦酯）可溶性粉剂 1000 倍液等喷雾防治，每隔 7~10 天 1 次，连续防治 2~4 次，注意交替用药。

第四节　豆类蔬菜

豆类蔬菜均属于豆科一年生草本植物，主要有菜豆、豇豆、扁豆、蚕豆、刀豆、豌豆等。除豌豆和蚕豆外，都原产于热带，为喜温性蔬菜，不耐霜，宜在温暖季节栽培；属中光性作物，对日照时数要求不严格，但苗期在短日照条件下，能促进花芽分化，降低第一花序的着生节位。豆类蔬菜根系较发达，入土深，具有固氮能力。

一、菜豆

菜豆又名云豆、四季豆等，原产于中南美洲。菜豆食用嫩荚及种子，可煮食、炒食、凉拌，还可干制、速冻加工成嫩荚罐头。嫩荚和籽粒蛋白质含量高、维生素等营养丰富，味道鲜美，深受消费者喜爱。采用不同品种和栽培方式，一年可以多茬栽培，在蔬菜周年供应中起到重要作用。

(一)对环境条件的要求

1.温度

菜豆性喜温暖，不耐霜冻，亦不耐热，对温度要求较严。种子发芽适温在 20~25 ℃，茎叶生长适温为 16~20 ℃，蕾期和开花期适温为 18~25 ℃，低于 5 ℃或超过 32 ℃停止生长发育。高温条件下，花粉发芽力减弱，易引起落花落荚。

2.光照

菜豆属于喜光植物，对光照的要求仅次于茄果类蔬菜。菜豆在弱光下生长发育不良，植株容易徒长，开花结荚数减少，连续阴天可造成落花。菜豆属中日性植物，春、秋季皆可种植。

3.水分

菜豆根系发达，耐旱力较强，在生长期间，土壤湿度以半干半湿、空气湿度保持在 50%~75% 较好。开花结荚期湿度过大或过小都会引起落花落荚现象。结荚期高温干旱则荚果品质差。

4.土壤和养分

菜豆最适于腐殖质多、土层深厚、排水良好、疏松透气的壤土或沙壤土种植，pH 以 6.2~7.0 为好。菜豆整个生育期中吸收氮、钾肥较多，微量元素硼和钼对菜豆的发育和根瘤菌的活动都有良好作用。

(二)类型和品种

菜豆依生长习性一般分为蔓生型和矮生型两种类型。

1.蔓生类型

蔓生类型的菜豆也叫"架豆"。顶芽为叶芽，属于无限生长类型。主蔓长达 2~3 m，节间长。每个茎节的腋芽均可抽生侧枝或花序，陆续开花结荚，成熟较迟，产量较高，品质好。较优良的品种有架豆王、丰收 1 号、双季豆等。

2.矮生类型

植株矮生而直立，株高 40~60 cm。通常主茎长至 4~8 节，顶芽形成花芽，不再继续生长，各叶腋发生若干侧枝，侧枝生长数节后，顶芽形成花芽，开花封顶。生长发育期短，早熟，产量低。较优良的品种有优胜者、供给者、新西兰 3 号、嫩荚菜豆等。

(三)栽培季节与茬口安排

菜豆喜温，不耐霜冻也不抗炎热。菜豆从播种到开花所需积温，矮生种为 700~800 ℃，蔓生种为 800~1000 ℃，适宜栽培的月平均温度为 10~25 ℃。我国可春、夏、秋播种，西北地区春季露地栽培较多，一般在 4 月上旬至 4 月下旬，10 cm 地温稳定在 10 ℃以上后播种。育苗和移栽定植可适当提前。

(四)栽培技术

1.整地、施肥、起垄

宜选择耕层深厚、土质肥沃、排水良好的地块，于冬前深耕晒垡，春耙细整，改善土壤耕层的理化性质，提高地温。春季结合整地每亩施腐熟有机肥 5000 kg、三元复合肥 50 kg，或磷酸二铵 30 kg 和硫酸钾 25 kg、尿素 15 kg 做基肥。播种前起垄，垄宽 70 cm、垄高 20 cm、沟宽 50 cm。起好垄后及时覆盖地膜。

2.直播或育苗

(1)直播

选用粒大、饱满、无病虫、有光泽的新鲜种子并进行种子消毒。在覆好膜的垄上开孔穴播，每穴 3~4 粒种子，覆湿土 2 cm，穴距 30~40 cm，行距 50~60 cm，每垄 2 行。春茬播种时地温较低，浸种易造成烂籽，一般都是干籽播种。另外，在地头或庭院空地上做一小苗床，播少量种子，培育后备苗，以便补苗。

(2)育苗

菜豆采用冷床育苗，在子叶出土、第一对真叶展开前，胚轴极易徒长，要降温、降湿加强锻炼。菜豆根系的再生能力较弱，宜在初见真叶、到第一复叶抽生前定植。采用营养钵或土钵育苗，要保护根系。

3.田间管理

(1)间苗定苗

出苗后选留壮苗。穴距小的每穴留 2 苗，穴距大的留 3 苗，对弱苗或缺苗要及时用后备苗补栽。

(2)苗期肥水管理

出苗前一般不浇水，间苗后轻浇一水，以后结合追肥灌水，将肥料穴施或开沟追施。在复叶出现时（播种后约 25~30 天）追第一次肥，每亩追尿素 10~15 kg，抽蔓搭架前第二次追肥（4~5 节后节间开始伸长，此时搭架缚蔓），每亩追施充分腐熟的 20%~30%的稀薄粪肥液,约 150 kg,硫酸钾 5 kg,过磷酸钙 5 kg,或三元复合肥 20~25 kg。

(3)植株调整

蔓生菜豆在抽蔓之前,浇 1 次透水,待垄沟土稍干时就可插架。可插成人字架、花架等架式,在畦的两端应多插 1~2 根撑竿以加固支架,防止倾斜倒地。插架后在植株开始抽蔓向上生长时,应引蔓一次,使菜豆各株的茎蔓能均匀地沿架竿向上缠绕生长。勿使各株茎蔓自上架之初就相互缠绕,影响生长和通风透光。

(4)开花结荚期肥水管理

菜豆开花结荚初期有大量根瘤形成,固氮能力强,不宜施用氮肥。一般在开花结荚盛期重追肥,以适应果荚迅速伸长的需要,根据生长发育状况可每亩施充分腐熟的人畜粪尿50%肥液 2500~5000 kg,或三元复合肥 30 kg,或尿素 5 kg、硫酸钾 20 kg、过磷酸钙 10 kg,一般追肥 1~3 次。开花结荚期应使土壤相对湿度保持在 60%~70%,根据土壤墒情,一般每隔 8~10 天灌 1 次水。

(5)生长后期的复壮

进入开花结荚的后期,植株生长衰退,果荚多呈畸形,若气候条件适合其生长,市场价格好,应进行复壮。复壮要摘除靠近地面 40~70 cm 以内的老、黄叶片,改善通风透光条件,每亩追施尿素 15 kg、硫酸钾 15 kg,追肥后及时灌透水,但不能漫过垄面,促进植株再生和再次开花结荚。

4.适期采收

菜豆开花后 10~15 天,嫩荚已充分长大,种子略显,荚大而嫩为采收适期。矮生菜豆采收期比较短,一般 20 天左右。

(五)菜豆落花落荚的原因及防治措施

1.营养因素

首先各器官间营养竞争激烈,导致落花落荚严重;其次栽培管理不当，如种植过密、支架不当、久阴寡照、缺水缺肥、雨涝、病虫为害严重、气温过高或过低、植株早衰等因素，导致营养累积不足。

2.生殖因素

环境因素不良，使花器发育和授粉受精受阻，导致大量落花。

3.防止措施

首先，应选用适应性广、坐荚率高的优良品种；第二，适期播种，安排适宜的栽培季节，创造良好的生长环境；第三，加强田间管理，调节好营养生长和生殖生长间的平衡关系，保证合理的水肥供应和充足的光合产物累积。

二、豇豆

豇豆又名长豆角、带豆、豆角，原产于亚洲东南部热带地区。豇豆耐热性强，是调剂8—9月淡季蔬菜供应的重要蔬菜。豇豆营养价值高，嫩荚可炒食、凉拌、腌渍，老熟豆粒可做粮食用。

(一)对环境条件的要求

1.温度

豇豆耐热性强，不耐低温。种子发芽的最低温度为 10~12 ℃，发芽适温为 25~30 ℃；植株生长适温为 25 ℃左右，35 ℃仍能正常开花结荚，40 ℃时生长受抑制；豇豆不耐低温，15 ℃以下生长缓慢，10 ℃以下生长受抑制。

2.光照

豇豆对光照的要求因品种而异。大多数品种要求短日照，尤其秋季日照缩短时开花结荚多，且能降低花絮着生节位。但也有对日照要求不严格的品种。豇豆喜光，尤其是蔓生品种，但矮生种和半蔓生种较耐阴，适宜与其他高秆作物间作。

3.水分

豇豆根系较深，叶面有蜡质，吸水能力强，蒸腾量小，所以较耐旱。

4.土壤和养分

豇豆对土壤适应性广，以中性土壤为好，过于黏重和低湿的土壤不利于根系和根瘤菌的发育。豇豆的根瘤菌不发达，整个生育期需肥较多，荚果生长期需要大量养分。

(二)类型和品种

豇豆根据用途的不同可分为菜用（或豆用）豇豆和粮用豇豆两类。菜用豇豆的嫩荚肉质肥厚，脆嫩；粮用豇豆荚皮薄，纤维多而硬，不堪食用，种子做粮食。依菜用豇豆茎的生长习性又分为蔓生、半蔓生和矮生3种。蔓生种生长发育期长，主茎和侧枝能抽蔓缠绕，豆荚长而纤维少，品质好，产量高，栽培时需搭架，主要品种有铁线青、燕带豇、之豇28-2、高产4号等；半蔓生种生长习性似蔓生种，但蔓短，栽培可不搭架，产量中等；矮生种茎小，直立，多分枝，栽培不需搭架，生长期短，早熟，产量低，主要品种有一丈青、黄花青地豇豆、美国无架豇豆等。

(三)栽培季节与茬口安排

露地栽培一般有春播夏收、初夏播种连秋栽培和从春到秋一年一茬三种栽培形式。豇豆忌连作，应实行2年以上轮作。豇豆的前茬宜选小麦、玉米等大田作物冬闲地，后茬土壤肥沃，宜种其他非豆科蔬菜。

(四)栽培技术

1.品种选择

根据品种对日照长短的反应，选用耐寒耐热，抗病虫、抗逆性强的优良品种。

2.播种育苗

豇豆春季露地直播，宜在当地晚霜前10天左右，土壤10 cm地温稳定在10~12 ℃。秋季播种宜在当地早霜来临前110~120天。干籽播种，可直播也可育苗移栽。育苗播种，种子覆土2~3 cm，然后覆盖小拱膜保温。当第一对真叶露出而未展开时，即可定植。夏秋豇豆多采用直播，播种前要浇足底水，然后锄松表土，每穴播种 3~4 粒，盖土 3 cm 左右，出苗前不浇水，以免烂种。

3.整地、施肥、作畦

结合整地作畦施足基肥，尤其要增施磷、钾肥，每亩施腐熟有机肥 5500 kg 左右，有条件的还应在畦面上沟施少量饼肥或鸡粪做基肥，条施与普施相结合。豇豆一般采取平畦栽培或高做畦栽培，每畦种植 2 行，以便插架采收（图 4-32）。

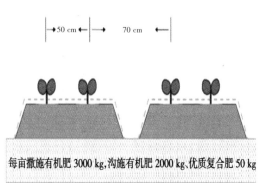

图 4-32　豇豆整地高做畦示意图

4.定植

直播行距 60~80 cm、株距 27~33 cm，每穴留苗 2~3 株。育苗定植密度与直播相同。定植方法为：先开沟，开沟深度以营养钵不高出地面为宜，然后按穴距摆好苗坨，轻浇水，水下渗后覆土合沟。

5.田间管理

(1)中耕松土

豇豆定苗或定植缓苗后，在不太干旱的情况下，宜勤中耕松土保墒，蹲苗促根，使植株健壮生长。

(2)肥水管理

豇豆生长发育期长，需肥较多，除施足基肥外，还应定期追肥。苗期追 1 次肥，结荚后每浇 1 次水追施 1 次肥。苗期浇水不宜过多，否则易引起营养生长过旺，第一花序着生节位上升。

(3)搭架引蔓

当植株长到 17~33 cm，即将抽蔓时，要及时搭架。一般用竹竿插成"人"字形，架高 2.2~2.3 m，每穴插 1 根，并向内稍倾斜，每 2 根相交，上部交叉处放竹竿做横梁，呈"人"字形，于晴天中午或下午引蔓上架。

(4)抹芽打顶

第一花序以下侧枝长到 3 cm 时，应及时摘除，以保证主蔓粗壮。主蔓第一花序以上各节位的侧枝留 2~3 片叶后摘心，促进侧枝上形成第一花序。当主蔓长到 15~20 节，达到 2~2.3 m 高时，剪去顶部，促进下部侧枝花芽形成。

(5)肥水管理

豇豆齐苗或定植缓苗后，进行 1 次中耕、松土和追肥，每亩浇施腐熟人粪尿 750 kg 左右。当苗高达到 25~30 cm 时，结合浇水每亩追尿素 15 kg。第一花序开始结荚后，宜加大追肥量，经常保持土壤湿润。一般每亩追施腐熟人粪尿 1000 kg，隔 5~7 天追 1 次，连追 3 次。

6.采收

春播豇豆在开花后 8~10 天即可采收嫩荚，夏播的开花后 6~8 天采收。荚条粗细均匀，荚面豆粒未鼓起，达商品荚标准时为采收适期。盛荚期每天采收 1 次，后期可隔 1 天采收 1 次。

三、荷兰豆

荷兰豆又称荷仁豆、剪豆，属豆科豌豆属一年生或二年生攀缘草本植物。荷兰豆以食用嫩荚为主，嫩荚质脆清香，营养价值很高。

(一)对环境条件的要求

1.温度

荷兰豆耐寒不耐热，为半耐寒性蔬菜。幼苗可耐–5 ℃的低温，生长期适温为 12~20 ℃，开花期适温为 15~18 ℃，荚果成熟期适温为 18~20 ℃，温度超过 26 ℃时，授粉率低，结荚少，产量低。

2.光照

荷兰豆是长日照植物，长日照、低温时，花芽分化节位低，分枝多，产量高；长日照、高温时，分枝节位高，产量低。因此，春播不宜太迟。但有些品种对日照要求不严格，秋季栽培也能开花结荚。

3.水分

荷兰豆根系发达，有较强的耐旱能力，耐湿性差。抽蔓后需水量逐渐增加，开花结荚需水量最多，如此时干旱，易引起落花落荚，导致产量和品质下降。

4.土壤和养分

荷兰豆对土壤要求不严，但以 pH 6.0~7.2、富含钙质的沙壤土和壤土最为适宜。幼苗期以氮肥为主，用根瘤菌拌种提高产量，中后期应适当增施磷、钾肥。

(二)类型和品种

荷兰豆跟豇豆一样，根据蔓的生长习性可分为蔓生种、半蔓生种、矮生种 3 种类型。目前使用的品种主要有美国白花荷兰豆，矮茎大荚荷兰豆，小豌 4 号、中豌 5 号系列，食用大菜豌 1 号、京引 8625 等。

(三)栽培季节与茬口安排

荷兰豆较适宜凉爽的季节栽培。北方地区一般春播夏收，冷凉地区可春夏播种夏秋收获。在温室、拱棚等保护设施内栽培，可做到周年供应。荷兰豆前茬宜选小麦、玉米等大田作物，后茬土壤肥沃，适宜种植非豆科类蔬菜。

(四)栽培技术

1.品种选择

可根据各地的需要选择高产、抗病虫性强的优良品种，不使用转基因品种。可以选择无极、美满、SPS、奇珍 76、奇珍 323、328、绿雅、台中 11 号、荷兰合欢 66/99 及合欢甜豆、奇珍奇绿等品种。

2.整地、做畦

前作收获后应及时翻犁晒垡，施入底肥（农家肥每亩 2000~3000 kg，荷兰豆专用配方肥 80 kg，或尿素 8~10 kg、过磷酸钙 70~80 kg、硫酸钾 25~30 kg、硼肥 2 kg、镁肥 2 kg、锰肥 2 kg、硝酸钙 5 kg。施肥后碎土耙平，精细整地，对地下害虫为害较重的地块，可用地虫灵和底肥拌在一起，有效杀灭地下害虫。秋播可做成平畦以利保水，春播应做成小高畦利于排水。采用等行距条播，行距 100~110 cm，株距 3~4 cm，每亩用种量 3~4 kg 左右。

3.播种

播种前应进行选种，露地栽培采用干籽直播法，如在干旱地区也可浸种后播种。荷兰豆为深根性蔬菜，春茬露地栽培，最好在土地封冻前整完地，翌年春天表土融化到可以开沟播种的深度，即可播种。如果春天临时整地，很难达到早播的要求。

4.搭架引蔓

荷兰豆攀缘性极强，需进行搭架栽培。当幼苗长到 5~6 片真叶、株高约 30 cm、卷须出现时要及时搭架引蔓上架，使蔓向上攀援生长，同时要绑蔓上引，行间保持通风透光。

5.追肥灌水

苗齐后要中耕 2 次。开花前不干旱一般不灌水。坐荚后开始灌水追肥，结合灌水，每亩追施腐熟稀粪水 1500~2000 kg、过磷酸钙 15~25 kg。盛荚期及时喷施 0.2%~0.3% 的磷酸二氢钾 1~2 次。

6.采收

荷兰豆的荚果为自下而上逐步成熟，常常是基部豆荚已开始采收，而上部却正在开花结荚，应分期分批及时采收。一般花谢后 8~10 天，豆粒刚开始发育且尚未膨大时进行采收最好，不宜过早或过迟。

四、豆类蔬菜病虫害防治

(一)主要病害防治技术

1.锈病

(1)症状

豆类锈病由担子菌亚门单孢锈菌属侵染所致。主要危害叶片，产生黄白色褪绿小斑，后变成锈褐色并隆起，扩大后成为圆形红褐色病斑，病斑表皮破裂后，散出红锈色粉末。后期也能危害茎、叶柄、豆荚等部位，病斑呈黑褐色，锈粉多见于叶背（图4-33）。

图4-33　豆类锈病

（2）发病原因

高湿结露是诱发锈病的重要因素，故气温在20 ℃左右，高湿或结露条件下，此病容易流行；多雨多雾天气发病重，低洼地、排水不良、种植密度过大的地块，发病也重。

（3）防治措施

①**农业防治**

一是实行轮作，合理密植；二是加强田间管理，注意通风透光，注意排水，降低田间湿度。

②**化学防治**

发病初期每亩用粉锈宁150~200 g对水75 kg喷施，同时每亩用硼砂50 g加复合微肥75 g对水75 kg喷施。有附线螨同时发生时，可用石硫合剂（夏季每亩用200~250 g，冬季用250~300 g），或硫悬浮剂每亩250~300 g对水75 kg喷施。

2.白粉病

（1）症状

白粉病由子囊菌亚门真菌侵染所致，为害特征是先从叶片正面或背面产生白色小斑，后逐渐扩大连成一片，上面布满白色霉层。一般先从下部叶片开始，逐渐向上发展，严重时也能危害茎蔓和叶柄。

（2）白粉病危害对象、发生原因、防治措施

与锈病相同。

3.枯萎病

(1)症状

枯萎病由半知菌亚门瘤座孢菌侵染所致。一般从花期开始发病，叶子出现黄色网纹状，嫩枝和茎秆变褐色，植株萎蔫，最后死亡。剖开根茎部，可见维管束变黑褐色，有臭味。

(2)发病原因

病菌主要随病残体在土壤中或种子上越冬，来年从根部侵入，在根部和茎部的维管束中繁殖、蔓延。温度24~28 ℃、相对湿度80%以上时最易发病，连作地、低洼地、肥力不足发病重。

(3)防治措施

一是种子消毒。用25%多菌灵可湿粉拌种，用药量是种子的0.3%。二是药剂防治。从幼苗期开始，用25%多菌灵可湿粉1500~2000倍液淋洒根际，每隔7天淋1次，共2~3次。

4.茎腐病

(1)症状

由子囊菌亚门病菌从茎侵入，慢慢扩展成黑色斑，后期渐渐腐烂坏死。

(2)发病原因

温暖天气易引起茎腐病的发生和蔓延。

(3)防治措施

①农业防治

控制田间水分，整枝疏叶，保持通风透气。

②化学防治

用多菌灵或甲基托布津800~1000倍液喷施防治，或农用链霉索500~600倍液喷施。

(二)主要虫害防治技术

1.豆荚螟 (图4-34)

(1)为害特点

成虫在植株嫩叶部分产卵，5~7天孵化后幼虫先在嫩叶下取食，后蛀入豆荚内取食豆粒，豆粒被吃掉或咬伤，荚内和蛀孔处还堆积幼虫的粪粒，受害的豆荚味苦而不能食用。每年发生6~7代，高温干旱年份发生较严重，春植豆比秋植豆受害重，秋冬危害山毛豆后越冬。

图4-34 豆荚螟

(2)防治措施

①农业防治

实行轮作，可减轻为害。

②化学防治

在1~2龄幼虫高峰期每亩用90%敌百虫（美曲膦酯）100~125 g或2.5%敌杀死25~30 mL或溴敌乳油针剂5~7支或10%兴棉宝25~30 mL或巴丹原粉30~40 g或杀虫双150 mL对水75 kg喷施。上述药剂应交替使用，以免产生抗药性。

2.豆秆蝇（图4-35）

1. 为害症状及幼虫　　　　　　　　2. 成虫

图4-35 豆秆蝇

(1)为害特点

初从根茎侵入，通过侵食茎的髓部，慢慢造成叶片变黄，植株死亡。此种虫害，高温干旱时易发生，初期不易发觉，应以预防为主。

（2）防治措施

①农业防治

一是选用抗虫品种；二是加强苗期田间管理，保持土壤水分，冬春合理处理秸秆，保护天敌和越冬蛹寄生蜂。

②化学防治

在成虫发生期和幼虫初阶段喷洒敌敌畏、马拉硫磷等药剂加以防治。

第五节　根菜类蔬菜

根菜类蔬菜是指以肥大的直根为产品的一类蔬菜的总称。我国广泛种植的有萝卜、胡萝卜、大头菜等。其富含碳水化合物和多种维生素、矿物质，还含有淀粉酶，可促进食欲，帮助消化。因食用方法多样，既可生食、熟食又可加工，在我国蔬菜周年供应中起到重要作用。

一、萝卜

萝卜又名莱菔，原产于我国和地中海沿岸，属十字花科二年生蔬菜。萝卜可四季栽培，周年供应，产销量也很大，全国各地均有种植，是我国一种重要的大陆蔬菜。萝卜含有大量的葡萄糖、果糖、多种氨基酸、维生素和矿物质，特别是维生素 C 的含量比一般蔬菜高得多。萝卜不但能调节人体营养平衡，具有抗癌、美容等功效，对预防和治疗暑热、痢疾、腹泻、热咳带血等病有较好的作用。

（一）对环境条件的要求

1.温度

萝卜属半耐寒蔬菜，适宜在温和凉爽的气候条件下生长。生长的温度范围是 $5 \sim 25 ℃$，种子发芽适温为 $20 \sim 25 ℃$，茎叶生长适温为 $15 \sim 20 ℃$，肉质根生长适温为 $18 \sim 20 ℃$。萌动的种子、幼苗及肉质根经 $1 \sim 10 ℃$ 的低温处理 $20 \sim 40$ 天，即可通过春化阶段。所以春季栽培要防止先期抽薹。

2.光照

萝卜为长日照蔬菜，要求中等强度光照。充足的光照，植株健壮，光合产物积累多，肉质根膨大快；光照不足，叶片小，叶柄长，叶色淡，下部叶片因营养不良提早枯黄脱落，使肉质根不能充分膨大而减产。

3.水分

萝卜叶面积大，侧根少，抗旱力较差，要求较高的空气湿度和土壤湿度。萝卜生长适宜的空气相对湿度为 80%~90%，土壤含水量为 60%~80%。发芽期需要土壤含水量较高，幼苗期以土壤最大持水量的 60% 为好，莲座期应适当控制灌水，"露肩"后，经常保持土壤湿润。此外，土壤水分供应不均，忽干忽湿，易致肉质根开裂。水分不足，易糠心，辣味浓，品质变劣。

4.土壤及养分

萝卜对土壤的适应性较广。以土层深厚、排水良好、疏松通气的砂质土壤为最好。土壤过于疏松，肉质根虽早熟，但须根多，表面不光滑。黏重土壤不利于肉质根膨大。土层过浅、坚实，易发生肉质根分叉。萝卜对养分要求高，全生长期都需要充足的养分供应。幼苗期和莲座期需氮较多，肉质根生长盛期需磷、钾较多，特别是需钾更多。在萝卜的整个生长期中，对钾的吸收量最多，氮次之，磷最少。

(二)类型和品种

我国是萝卜起源中心之一，品种资源丰富，分类方法很多。可以按肉质根的形状、用途、生长期长短、栽培季节及萝卜品种对春化反应的不同等分类。生产上依据栽培季节可分为五类。

1.秋冬萝卜

夏末秋初播种，秋末冬初收获，生长期 70~120 天，多为大型或中型品种，产量高，品质好，耐贮运。代表品种有北京心里美、天津卫青、豫萝卜 1 号、广东白玉萝卜、吉林通国红 2 号等。

2.冬春萝卜

晚秋至初冬播种，露地越冬，第二年2~4月份收获。主要在冬季不太寒冷的地区栽种。耐寒性强，抽薹迟，不易空心，上市早。代表品种有浙江的洋红萝卜、冬春2号、四月白等。

3.春夏萝卜

春季播种，夏季收获，露地栽培，也可地膜覆盖栽培，生长发育期45~70天。多为中型品种，产量较低，供应期短，栽培不当易抽薹。代表品种有南京五月红、山东寿光春萝卜、花樱萝卜等。

4.夏秋萝卜

夏季播种，秋季收获，较耐湿热，抗病虫能力强，不易糠心，生长期短。代表品种有南京中秋红、北京热白萝卜等。

5.四季萝卜

露地除严寒酷暑季节外，随时可以播种。多为小型萝卜，生长期极短，适应性强，抽薹晚，品质好，产量低。主要品种有上海小红萝卜、杨花萝卜（樱桃萝卜）和胭脂萝卜等。

(三)栽培季节与茬口安排

萝卜品种资源丰富，适宜栽培区域、季节和选择性较大。可根据目标市场供求状况选择适宜的品种和季节种植。北方地区主要在夏秋季节栽培。萝卜前茬最好选施肥多而消耗较少的非十字花科蔬菜，如瓜类蔬菜、豆类蔬菜等。秋萝卜可以和大田作物间作套作，如在玉米地里套作秋萝卜等。

(四)栽培技术

1.品种选择

春萝卜应选择耐寒性强、春化要求严格、抽薹迟、生长发育期短、不易空心、生长快的品种。夏萝卜应选择耐热性强、抗病性强的优质早熟品种。秋萝卜可根据当地的气候条件和土质条件选择较抗热、耐寒、抗病、丰产的优质品种。品种选择还要从当地病虫害的实际情况出发，使品种的生长期与当地适于萝卜的生长日数相吻合。

2.选地、整地与施肥

萝卜要求土层深厚、土质疏松、排水良好、比较肥沃的沙壤土。前茬作物收获后立即清理田园，深翻、晒透、耙松、耙细、整平。结合深翻整地，施足基肥，一般每亩施充分腐熟的优质厩肥 4000~5000 kg，过磷酸钙 25~30 kg、硫酸钾 30 kg。全面撒施，并翻耕耙匀。耕地深度以肉质根的深度而定。大型萝卜耕深 35 cm 以上，中型萝卜 30 cm 左右深，小型萝卜 15 cm 深。

3.作畦或垄

做畦或垄，畦长 20 m，宽 1.2~1.5 m，畦高根据品种、土质、地势及当地气候条件而定。大型萝卜根深叶茂，要做高畦或高垄；多雨地区在雨水多的季节无论大型品种或小型品种都要做成高畦。中小型萝卜及萝卜出土比例大的品种在北方多用平畦栽培。北方地区春、夏萝卜一般采用平畦栽培，秋、冬萝卜多采用垄栽，垄高 20~25 cm，垄背宽 20 cm，垄距因品种而定。

4.播种

(1)播种期的确定

春萝卜应严格控制播种期，切不可过早播种，否则低温条件下易通过春化作用，造成植株先期抽薹，一般 10 cm 地温稳定在 8 ℃以上，夜间最低温度 5 ℃以上时才能播种。夏萝卜应根据夏秋季市场需求，在 5—8 月分批播种。北方秋冬萝卜播种时间一般在 7 月下旬或 8 月初。

(2)播种方式

萝卜均采用直播方式。大型萝卜一般采取点播，行距 45~55 cm，株距 20~30 cm；中型萝卜行距 35~45 cm，株距 15~20 cm；小型萝卜 6~12 cm 见方。点播时，在畦上挖3 cm深的穴，每穴播 3~5 粒种子，将土推平、踏实，覆土厚度约为 2 cm，每亩用种量为 500 g 左右。条播是在畦上开深 3 cm 的沟，将种子播在沟内，将土推平、踏实，每亩用种量为 500~1000 g。播种前要精选种子，选粒大饱满的新种子穴播、撒播或条播，拍实垄土，耧平垄面。播种时若土壤干燥，可先浇水，待水渗入土中后再播种。小萝卜也可撒播在畦上，播种不宜过深。播后用铁耙轻耧细土覆盖种子，然后稍加镇压。

5.田间管理

（1）间苗和定苗

萝卜出苗后，要及时间苗，做到早匀苗，多间苗，晚定苗，选留壮苗，拔除劣、弱、病、杂苗。生产上一般间苗 2~3 次，第 1 次间苗在子叶展开、第一片真叶露心时进行，只需将幼苗间开即可；第二次在 2~3 片真叶时进行，去杂去劣拔除病苗，保留符合本品种特性、子叶舒展、叶色鲜绿、根须长短适中、较粗壮的幼苗。点播的每穴留 2~3 株苗，条播的可按 10~12 cm 的距离留 1 株苗；定苗时再按预定的株距留 1 株苗，定苗应在萝卜幼苗出现 5~6 片真叶时及时进行。

（2）灌水

春萝卜苗期应尽量少浇水或晚浇水。夏萝卜和秋萝卜播种后，如果土壤干旱应及时浇水 1 次。幼芽大部分出土的时候，需要再浇 1 次小水，保持土壤湿润，以保全苗。幼苗期应"小水勤浇"，降低地温，防止病毒病发生，同时还要注意排水防涝。叶片生长盛期需水量增大，应加强水分供应，促进莲座叶生长，莲座叶生长后期要控制浇水，适当进行蹲苗。一般是蹲苗前浇 1 次足水，然后中耕蹲苗。肉质根生长盛期需水量最大，应及时均匀地供应充足的水分，切忌忽干忽湿。后期缺水，容易使萝卜糠心、味辣、肉硬。收获前 5~7 天应停止浇水，以利于贮藏。

（3）追肥

萝卜追肥要掌握"轻、重、轻"的原则。基肥充足时，第 1 次追肥可在定苗之后，幼苗长出 2 片真叶时进行，一般在植株两侧开沟每亩追施复合肥 10~15 kg 或腐熟的饼肥 50~100 kg。露肩及肉质根膨大盛期再各追肥 1 次，每次每亩施尿素 15~20 kg、磷酸二氢钾 10 kg。追肥需结合浇水冲施，切忌浓度过大及离根部过近，以免烧根。

(4)中耕除草与培土

萝卜生长期间应进行多次中耕松土，特别是在秋萝卜苗较小时，气温高，雨水多，易滋生杂草，须勤中耕除草。高畦、高垄上的土易被雨水冲刷，需定期培土。长根型品种，需培土护根。生长后期应摘除基部枯老黄叶，以利通风。植株封垄后停止中耕，手工拔除杂草。

6.收获

萝卜采收期应根据播种期、品种和市场需求情况而定。一般当其肉质根充分膨大，基部已圆起，叶色转淡，开始变为黄绿色时，应及时采收上市。春萝卜成熟后应及时采收，以防后期抽薹，引起根部开裂、腐烂、糠心、木质化等。夏萝卜的采收应灵活掌握，采收时间不仅要考虑品种的特性、特征，还应考虑市场需求，及时采收。秋萝卜一般在霜冻前及时采收，以免遭受冻害。

(五)萝卜生理病害的原因及防止

1.裂根

(1)症状

肉质根开裂（图4-36）。

(2)发病原因

主要是生长过程中，土壤水分供应不均匀，前期高温干旱供水不足，肉质根皱皮组织硬化，到生长中后期温度适宜，水分充足时，内部生长速度快而导致肉质根开裂。

图 4-36　萝卜裂根

（3）防治措施

生长前期天气干旱时，要及时浇水，中后期肉质根迅速膨大时要浇水均匀。

2.糠心

（1）症状

萝卜肉质根中心部位发生病变甚至出现空洞现象，肉质根质量降低，手敲有中空感，切开后可见薄壁组织绵软，有空隙（图4-37）。多发生在肉质根形成中后期和贮存期间。

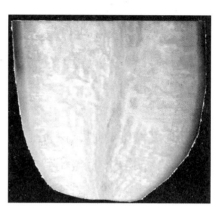

图4-37　萝卜糠心

（2）发病原因

大型品种易空心；先期抽薹、贮存场所温度过高、肉质根生长中后期出现高温，尤其是高夜温易出现糠心。

（3）防止措施

一是选择适宜的品种；二是适期播种，合理追肥浇水，适时采收，防止先期抽薹；三是贮藏期避免高温干旱。

3.叉根

（1）症状

肉质根出现分叉（图4-38）。

（2）发病原因

一是使用陈种子；二是土壤黏重、板结、有石块等杂物及施用未腐熟的有机肥；三是地下害虫等使得主根受损。

（3）防止措施

一是使用新种子；二是选用土质疏

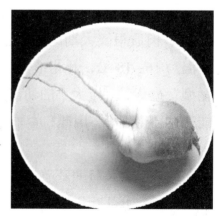

图4-38　萝卜叉根

松的沙壤土，精耕细作，施用腐熟有机肥；三是防治地下害虫。

4.辣味、苦味

(1)症状

萝卜出现非正常的辣味、苦味。

(2)发病原因

辣味主要是因高温、干旱、肥水不足，使肉质根内产生过量的芥酸油造成的。苦味是由于天气炎热，偏施氮肥而磷肥不足，使肉质根内产生苦瓜素。

(3)防止措施

避免偏施氮肥，保证肥水充足。

二、胡萝卜

胡萝卜，俗名红萝卜、黄萝卜等，为伞形科胡萝卜属，一年生草本植物，以肥大的肉质直根供食用。胡萝卜原产于亚洲西部，元代传入我国，目前我国南北各地均有栽培。胡萝卜适应性强，病虫害少，栽培容易，便于贮存，是冬春季的主要蔬菜。

(一)对环境条件的要求

1.温度

胡萝卜对温度的要求与萝卜相似，是半耐寒性蔬菜，但耐寒性和耐热性比萝卜稍强。种子发芽适温为 20~25 ℃，叶部生长适温为 23~25 ℃，肉质根膨大期的适温：白天为 18~23 ℃，夜间为 13~18 ℃，地温为 16~18 ℃；开花结实期适温为 25 ℃左右。胡萝卜为"绿体春化型"蔬菜，一定大小的幼苗在 2~6 ℃的条件下，经过 40~100 天才能通过春化阶段，因此，春季栽培不易先期抽薹。

2.光照

胡萝卜为长日照蔬菜，要求中等光照强度。光照不足，容易引起叶柄伸长，下部叶片营养不良，导致提早死亡。

3.水分

胡萝卜根系发达，吸水力强，叶片蒸腾作用弱，因此，耐旱力较强。整个生长发育期一般要求土壤含水量保持在 60%~80%。肉质根膨大期应增加浇水量，以免产生糠心，但水分供应要均匀，防止忽干忽湿造成裂根。

4.土壤及养分

胡萝卜以在 pH 5~8 的沙壤土或壤土中栽培最好。土壤黏重坚硬，通气性差，酸性强，易使肉质根根形短粗，皮孔突起，外皮粗糙，外观品质降低，还易发生裂根、叉根、胡须等问题。胡萝卜对氮、磷、钾三要素的吸收量以钾最多，氮次之，磷最少。

(二)类型和品种

胡萝卜按用途和品种可分为鲜食、熟食、加工、饲料四类；按肉质根的皮色可分为红、黄、紫三类；按肉质根的形状可分为长圆柱形、短圆柱形、长圆锥形和短圆锥形四类。长圆柱形胡萝卜根细长，肩部粗大，根先端钝圆，晚熟，主要品种有菊花心、长沙红皮胡萝卜和新透心红胡萝卜等。短圆柱形胡萝卜根短粗，短柱状，主要品种有西安齐头红、三寸胡萝卜、东方红秀等。长圆锥形胡萝卜根细长，先端尖，味甜，耐贮藏，多为中、晚熟品种。主要品种有烟台五寸胡萝卜、夏时五寸、北京鞭杆红和黄胡萝卜等。短圆锥形胡萝卜早熟，产量低，春栽抽薹迟，主要品种有麦村金笋、关东寒越和烟台三寸胡萝卜等。

(三)栽培季节与茬口安排

胡萝卜适于冷凉气候，多在秋冬季栽培。西北地区，多在 7 月上旬到 7 月下旬播种，11 月上中旬上冻前收获。胡萝卜也可春播夏收，春播须选用抽薹晚、耐热、生长期短的品种，播种期平均气温 7 ℃左右，不宜太早。胡萝卜的前茬宜为豆类蔬菜、茄果类蔬菜和瓜类蔬菜等及玉米、小麦等大田作物。

(四)栽培技术

1.品种选择

春季栽培应选择高产、品质好、耐抽薹、抗病能力强、抗逆性好、耐贮运的品种,如红映二号、映山红、旭光五寸、千红100日、黑田五寸等品种。夏季栽培应选择美国短甜胡萝卜、红心金笋和日本新黑田五寸等品种。秋季栽培应选择产量高、品质好、抗病性强的品种,如韩国的千红百日、泰国的红秀、日本的黑田五寸、改良新黑田五寸等。

2.选地、整地、施肥

选择土层深厚、疏松透气的沙壤土或壤土最好,前茬收获后,及时整地施基肥,每亩施腐熟有机肥 2000~3000 kg、复合肥 50 kg,并施入硼肥 2~3 kg、硫酸锌 2 kg。施肥后深耕30 cm,耙细耧匀,使土质细碎,地面平整,肥土混合均匀。胡萝卜一般采用平畦或高垄栽培,土层薄、地势低且多湿地段或多雨季节应采用高畦或高垄栽培;土层深厚、地势高且干燥的地区或少雨季节应采用平畦栽培。秋胡萝卜以高垄栽培为宜,一般垄面宽 40 cm,垄高 15~20 cm,垄距50~60 cm,每垄栽 2 行;春胡萝卜以平畦栽培为宜,一般畦宽 1~2 m不等,畦长可根据畦平整情况和浇水条件而定,每个畦之间留深 20 cm 左右的垄沟,每 2 个畦挖 1 条深 33 cm 的沟,每隔 30 m 挖一条深 67 cm 的腰沟,田头挖深 100 cm 的排水沟,做到灌得上、排得出。

3.播种

胡萝卜发芽、出苗困难,创造良好的发芽条件,保证苗齐、苗全是丰产的关键。一般应在 10 cm 土层温度稳定在 7~8 ℃以上时播种。

胡萝卜均采用直播方式,可采用条播和撒播 2 种方法。秋播以高垄条播为好,在垄面开沟 2 行,开沟深 2 cm 左右,然后浇水,播前掺种子量 3 倍的细土或草木灰混播,播后覆土 1~1.5 cm,稍加镇压,每亩用种量 1 kg 左右。春季宜采取平畦条播,行距 20~25 cm,可用 20~25 cm 的五齿耙在畦面上拉深 2~3 cm 的播种沟播种。

4.田间管理

(1)间苗、定苗

齐苗后,要及时间苗,去掉小苗、病苗、劣苗、杂苗及过密苗,防止幼苗拥挤而徒长。间苗宜在晴天中午前后进行。第 1 次间苗在幼苗 1~2 片真叶时进行，株距 3 cm 左右；第二次间苗在幼苗 3~4 片真叶时进行，株距 5~6 cm；当幼苗 5~6 片真叶时定苗，株距 10~15 cm。

(2)中耕、除草与培土

秋胡萝卜播种时正值高温雨季，发芽难，苗期长，杂草生长很快，要及时中耕除草，也可以使用除草剂除草。中耕可在每次间苗、定苗、浇水追肥后进行，不宜太深。间苗后要浅中耕，疏松表土，拔除杂草。封垄前，每次浇水后或大雨后要进行中耕培土，即将封垄时将土培至根头，以防根头部外露受光后变绿，组织硬化。

(3)肥水管理

①浇水

胡萝卜出苗慢，从播种到出苗需浇水 2~3 次，保持土壤经常湿润，以利苗齐苗壮。幼苗期不宜过多浇水，以促使主根向深层伸展。叶片生长旺盛期应适当控制水分，进行中耕培土蹲苗，以防叶部徒长。肉质根膨大期浇水应做到轻、匀、适量，切忌大水漫灌或忽干忽湿，以防产生裂根。肉质根充分膨大后应停止浇水，以防烂根。

②追肥

胡萝卜生长期长，应追肥 2~3 次，但要控制氮肥施用量，否则易引起叶部徒长，影响肉质根的膨大。定苗后结合浇水施 1 次提苗肥，每亩施入尿素和复合肥各 7.5 kg。肉质根开始膨大时追施膨根肥，每亩施尿素 15~20 kg、硫酸钾 15~20 kg 或硫酸钾复合肥 20 kg，15~20 天后再追施 1 次。生长后期控水控肥，以免造成裂根。

5.采收

胡萝卜一般应在肉质根充分膨大成熟后及时采收。成熟的标准为：心叶呈黄绿色，外叶稍有枯黄，直根肥大使地面出现裂纹，有的根头稍露出地面。春播胡萝卜，可分批及时采收，收获前 2 天轻浇 1 次水，待土壤不黏时，即可收获。秋胡萝卜采收不宜过早，否则影响产量和品质，一般应在土壤上冻前收获完毕。

(五)胡萝卜生理病害及预防措施

1.症状

胡萝卜的生理病害主要有分叉、弯曲、须根、开裂、变色等（图4-39）。

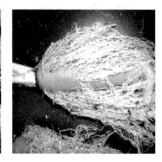

1.分叉　　　　　　2.弯曲　　　　　　3.须根

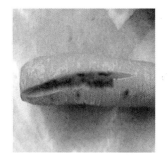

4.裂根　　　　　　5.变色

图4-39　胡萝卜生理病害

2.发生原因

耕作层太浅，土壤粗糙且有石块，或施用未腐熟有机肥，混有塑料布等，易导致分叉、弯曲；土壤黏重不易透气，易产生瘤状突起、须根；生长发育期间水分供应不均匀，忽干忽湿，易导致裂根的增加；肉质根膨大期温度太高，如果耕层太浅、不注意培土，易导致胡萝卜素、茄红素的积累受阻，导致肉质根发白或发黄。

3.预防措施

选择土质疏松肥沃、排灌条件较好的沙壤土；耕作层深度应大于25 cm，基肥施用腐熟有机肥，清除田间石块、塑料残膜等杂物；生长发育期间均匀供水，肉质根膨大初期注意培土；长时间干旱的情况下，严禁大水漫灌，要隔行浇水，浇水时间应在早晨或傍晚，以防肉质根开裂。

三、根茎类蔬菜病虫害防治

根茎类蔬菜常见的病害有萝卜霜霉病、黑腐病、病毒病、软腐病和黑斑病等，胡萝卜软腐病、黑腐病和黑斑病等。常见的共同害虫有蚜虫、地下害虫等。

(一)主要病害防治技术

1.萝卜霜霉病

(1)症状

由鞭毛菌亚门霜霉菌属真菌侵染所致。苗期受害，初期叶背面出现白色霜状的霉层，严重时叶及茎变黄枯死；成株受害，叶背出现白色霜霉，叶正面出现淡绿色的病斑，并逐渐转变为黄色至黄褐色病斑；根部受害，出现褐色或灰黄色的斑痕，储藏中极易引起腐烂。

(2)发病原因

温湿度对该病的发生影响很大，平均气温 16 ℃左右，相对湿度高于70%时，易发生病害；20 ℃以上的高温，菌丝体生长速度快，发病最快；同时，高温高湿、日照不足、阴雨天气、通风不良等条件都有利于病害的发生。

(3)防治措施

①农业防治

选用抗病品种，合理轮作倒茬、合理密植、通风透光、降低湿度等田间管理措施均可防止该病的发生。

②化学防治

一是种子消毒。播前用 5%福美双可湿性粉剂或 75%百菌清拌种；也可以用 55 ℃温水浸种 15 min。二是药剂防治。发病初期或出现中心病株时，立即喷施 75%百菌清可湿性粉剂 600 倍液或 65%代森锌可湿性粉剂 500 倍液或 50% 克菌丹可湿性粉剂 500 倍液和波尔多液（1:3:400），药剂应交替使用。

2.软腐病

(1)症状

由欧氏杆菌属细菌侵染所致。多在肉质根膨大期开始发病，发病初期，植株外叶萎蔫，早晚还可恢复，严重时不能恢复，外叶平贴地面，叶柄基部及根茎髓部完全腐烂，呈黄褐色黏稠状，散发臭味（图 4-40）。

1. 萝卜　　　　　　　　　　2. 胡萝卜

图 4-40　软腐病

(2)发病原因

病菌在病株残体、堆肥中越冬，第二年通过雨水、灌溉水、肥料等传播。病菌主要通过伤口、昆虫咬伤等侵入。植株在其他病害严重、生长势衰弱、愈伤能力弱时发生严重。

(3)防治措施

①农业防治

一是选用抗病品种，合理轮作，忌与十字花科作物连作。二是采用高垄、高畦栽培，及时排水防涝，发现病株及时清除、深埋，病穴撒石灰粉消毒，田间管理尽量减少损伤。

②化学防治

一是及时防治地下害虫及其他食叶害虫，减少伤口。二是播种前用种子量 1.5% 的生菌素或增产菌 50 mL 拌种。三是发病初期可用 72% 农用链霉素 3000~4000 倍液或 70% 敌克松 500~1000 倍液喷雾或灌根，7~10 天喷灌 1 次，连续 2~3 次。

3. 黑腐病

(1) 症状

幼苗被害，子叶呈水浸状，逐渐枯死或蔓延至真叶，真叶的叶脉上出现小黑点斑或细黑条纹；成株发病从叶缘和虫伤口处开始出现 "V" 字形的黄褐色病斑，植株叶片枯死，病菌沿叶脉叶柄发展，蔓延到根部，使根部的维管束变黑，萝卜肉质根外部症状不明显，但切开后可见维管束环变黑，严重的内部组织干腐空心（图 4-41）。

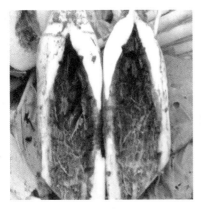 

1. 萝卜　　　　　　　　　　　2. 胡萝卜

图 4-41　黑腐病

(2) 发病原因

本病为细菌传染所致，病菌借雨水、昆虫和肥料传播。发病的适宜温度为 25~30 ℃，最低 5 ℃，最高 38~39 ℃。病菌耐干燥，致死温度为 50 ℃。病菌多从叶缘水孔、气孔或伤口侵入。高温高湿有利于发病，连作地发病更重。

(3) 防治措施

① 农业防治

一是选用抗病品种，在无病株上和无病区育种；二是进行 2~3 年以上轮作倒茬；三是清除病株残体，加强田间管理。

②化学防治

一是用 50 ℃温水浸种 20 min，或用 50%代森铵 200 倍液浸种 15 min，然后洗净晒干；二是发病初期用农用链霉素+露速净或如意等化学药剂进行防治。

4.萝卜病毒病

(1)症状

由多种病毒侵染引起。各生长发育期均有发生。发病初期，心叶出现叶脉色淡而呈半透明状的明脉状，随即沿叶脉褪绿，成为淡绿与浓绿相间的花叶。叶片皱缩不平，有时叶脉上产生褐色的斑点或条纹斑，后期叶片变硬而脆，渐变黄。严重时，根系生长受挫，病株矮化，停止生长。

(2)发病原因

病毒可在种子、田间多年生杂草、病株残体及保护地内越冬，第二年通过蚜虫刺吸、接触等方式传播。幼苗期易染病；高温、干旱易发生和流行；重茬、邻作有发病作物、肥水不足、生长不良等情况下发病严重。

(3)防治措施

①农业防治

一是选用抗病品种，秋播适时晚播，使苗期躲过高温、干旱的季节；二是秋冬收获时，严格挑选无病种株；三是加强水分管理，避免干旱现象，消灭杂草，增施有机肥，配合磷、钾肥；四是及时拔除弱苗、病苗。

②化学防治

一是及时防治蚜虫，避免蚜虫传播病毒。二是发病初期可叶面喷施植病灵 1000 倍液或抗毒剂 1 号 300~400 倍液。苗期 7~10 天喷 1 次，连喷 3~4 次。

5.黑斑病

(1)症状

由半知菌亚门真菌侵染所致。幼苗和成株均可发病。发病子叶产生近圆形褪绿斑，扩大后稍凹陷，潮湿时表面长有黑霉。成株可在叶片、叶柄等部位发病。多从外叶开始发病，病斑近圆形，直径 2~6 mm，开始呈近圆形褪绿斑，扩大后呈灰白色至灰褐色，病斑上有明显的轮纹，周围有黄色晕圈。湿度大时，病斑上有黑色霉状物。叶柄上的病斑呈梭形，暗褐色，稍凹陷（图 4-42）。

1. 萝卜　　　　　　　　　　　　　2. 胡萝卜

图 4-42　黑斑病

(2)发病原因

病菌以菌丝体和分生孢子在病株残体及种子上越冬，第二年借风、雨传播。发病适温为 13~15 ℃，低温、高湿条件有利于病害的发生。此外，早播多雨、管理粗放也有利于该病的流行。

(3)防治方法

①农业防治

一是与非十字花科作物实行 2 年以上的轮作，施足有机肥，增施磷、钾肥及微量元素肥料，及时排水防涝，适时播种，尽量避开低温高湿期，及时清理田间病株，减少田间病源。二是在无病区和无病株上采种。

②化学防治

一是播种前进行种子消毒，方法同霜霉病。二是发病初期用75%百菌清可湿性粉剂 600 倍液或 50%速可灵可湿性粉剂 1500 倍液，或 58%甲霜灵·锰锌可湿性粉剂 500 倍液，交替喷雾，每 7~10 天喷 1 次，连喷 2~3 次。

6.胡萝卜软腐病

(1)症状

由欧氏杆菌属细菌侵染所致。主要危害地下部肉质根，田间或贮藏期均可发生。田间受害，地上部茎叶变黄萎蔫；根部染病初期，呈湿腐状，后扩大，病斑形状不定，边缘明显或不明显。贮藏期受害，肉质根组织软化，呈灰褐色，腐烂汁液外溢，有臭味。

(2)发病原因

病原细菌在病根组织内或随病残体遗落土中，或在未腐熟的土杂肥内存活越冬。病菌通过昆虫及地下害虫或灌水、雨水等，从根茎部伤口或地上部叶片气孔及水孔侵入。通常雨水多的年份或高温高湿天气易诱发该病，地下害虫为害重的田块发病重。

(3)防治措施

①农业防治

一是重病区实行与葱蒜类蔬菜及大田作物轮作；二是雨后及时排水，及时清除病株，并撒石灰或用石灰水淋灌病穴；三是收获时尽量减少伤口，采收后晒半天，入窖后，严格控制窖温在 10 ℃以下，相对湿度低于 80%。

②化学防治

发病初期喷洒 14%络氨铜水剂 300 倍液或 50%琥胶肥酸铜（T）500 倍液防治。

(二)主要虫害防治技术

1.地下害虫

(1)为害特点

危害萝卜和胡萝卜的地下害虫主要有小地老虎、蝼蛄和蛴螬。小地老虎夜间活动，苗小时，可咬断嫩茎。蝼蛄咬断幼苗嫩茎，将根茎部咬成纤维状，造成缺苗断垄。蛴螬在地下咬食幼苗根茎。

(2)防治方法

①农业防治

一是施用充分腐熟的有机肥并撒施均匀；二是整地时施入米乐尔，每亩用量 4~6 kg，施入土层 10~20 cm；三是人工捕获。

②化学防治

一是毒饵诱杀。用 90%敌百虫原粉 0.5 kg 或 2.5%敌百虫粉剂 1.5 kg 加少量水拌压碎炒香的豆饼或麦麸 50 kg，傍晚施于菜苗周围，或用 90%敌百虫 30 倍液拌炒香的麦麸或豆饼制成毒饵，每亩施用 2.5~4 kg，出苗前后防治蝼蛄、金针龟、小地老虎等。二是卫生球防治地老虎。每 1 kg 克水加入 2 粒研成细粉的卫生球，待溶解后喷洒于叶部或浇灌根部，每 10 天喷 1 次，可有效防治地老虎。

2.蚜虫

(1)为害特点及发生规律

同白菜类蔬菜蚜虫的症状及发病规律。

(2)防治措施

①农业、物理防治

一是清除田间杂草；二是田间挂银灰膜条避蚜，或利用黄板诱蚜。

②化学防治

用 10%吡虫啉可湿性粉剂 1500 倍液或 50%抗蚜威可湿性粉剂 2000~3000 倍液等药剂喷施。每隔 5~7 天 1 次，连喷 2 次。

第六节 葱蒜类蔬菜

葱蒜类蔬菜为百合科葱属二年生或多年生草本植物，具有特殊的辛辣气味，又称辛类蔬菜，主要有韭、葱、洋葱、大蒜等。葱蒜类蔬菜具有短缩的茎盘，弦线状的须根系，耐旱的叶型，具有贮藏功能的鳞茎。葱蒜类蔬菜含有丰富的糖类、蛋白质、多种维生素和矿物质等，营养丰富，风味鲜美。

一、大蒜

大蒜为百合科葱属二年生蔬菜。公元前116年张骞出使西域时将大蒜引入我国，故我国又叫葫蒜。大蒜食用器官有鳞茎（蒜头）、叶（青蒜、蒜苗）、花薹（蒜薹）3部分。大蒜富含钾、钙、钠、镁、铜、锌、锰、铁等微量元素，还含有大量的蒜素，即硫化丙烯，可杀菌，治疗痢疾、肠炎等多种疾病，是历史悠久的保健蔬菜，被广泛应用于医药及食品工业。

(一)对环境条件的要求

1.温度

大蒜为耐寒性蔬菜，喜冷凉环境，生长适宜温度为12~26 ℃。蒜瓣3~5 ℃即可萌发，幼苗生长适温为12~16 ℃，以4~5片叶的幼苗抗寒能力最强，可耐-10 ℃低温。鳞茎膨大适宜温度为15~20 ℃，高于26 ℃即进入休眠状态。植株在0~4 ℃低温下，经过30~40天，可以通过春化，分化花芽，抽生蒜薹。

2.光照

大蒜对光照强度的要求不严格，但对光照时数有严格要求，属于长日照植物。每天必须经过13 h以上的光照条件，才能形成鳞茎，否则只长叶片。

3.水分

大蒜为半喜湿性蔬菜，喜湿怕旱，要求土壤具有一定的湿度。萌芽期应保持土壤湿润，促进萌芽发根；幼苗期应少浇水，防止种瓣湿烂；退母后应及时浇水，蒜薹伸长期和鳞芽膨大期是需水高峰阶段，不能缺水；接近成熟期要降低土壤湿度，避免高温高湿使假茎基部腐烂散瓣，蒜皮变黑，降低品质。

4.土壤及养分

大蒜对土壤要求不严格，但适宜有机质丰富、疏松透气、保水排水性能良好的肥沃壤土。大蒜怕碱，土壤酸碱度以 pH 5.5~6.0 为宜。大蒜最喜氮、磷、钾全效性有机肥料，追肥应以氮肥为主，并配合磷、钾肥施用。鳞茎膨大期氮肥过多，易导致蒜瓣散裂。

(二)类型和品种

大蒜按蒜皮颜色分为紫皮蒜和白皮蒜；按蒜瓣大小分为大瓣蒜和小瓣蒜等。大蒜的地方品种较多，有山东苍山大蒜、蔡家坡大蒜、定州紫皮蒜、民乐大蒜及阿城大蒜、开原大蒜、安国紫皮大蒜、河北狗牙蒜等。

(三)栽培季节与茬口安排

大蒜的栽培季节与茬口安排因地区、品种以及消费习惯而异。北方地区大蒜多为秋季露地播种，出苗后越冬前有一定的营养生长，经露地越冬，第二年春季返青继续生长，5月抽蒜薹，6月收获蒜头。春播大蒜一般惊蛰播种，夏至收获。

大蒜忌连作或与其他葱属植物连作。应选择2~3年内未种过葱蒜类蔬菜、富含有机质、疏松透气、排灌良好的地块。大蒜对前茬作物要求不严，秋播大蒜以豆类、瓜类等茬口较好；春播大蒜以秋菜豆、豇豆、南瓜、茄果类蔬菜最好。大蒜施肥量大，吸肥量少，土壤残留肥较多，而且其根系分泌的杀菌素，可防治后作的病害，所以大蒜是各种作物的良好前茬。

(四)栽培技术

1.大蒜栽培技术

(1)整地施肥

选择地势高、土壤肥沃、土质疏松、2~3年未种过葱蒜类蔬菜的砂壤地块。先灌水，每亩撒施腐熟有机肥 5000 kg、碳酸氢铵 20 kg、尿素 5~10 kg 做底肥，浅耕后将地整平。有机肥应充分腐熟捣碎翻匀，忌用生粪，以防其在田间发酵，诱发蒜蛆为害。

(2)播种

大蒜播种方法有两种：春播大蒜以土壤化冻为标志，顶凌播种，不宜过晚；秋播大蒜以越冬前长出 5~6 片真叶、假茎粗 0.5~0.6 cm、苗高 20 cm 左右为标志。秋季气候适宜，多打孔或开浅沟栽蒜，镇压后浇水；春季垄作，地温稍高，萌芽早，出土一致，鳞茎膨大期土壤阻力小，蒜头较大，但因株数少，总产量低。畦栽，地温影响较大，出苗晚而参差不齐，但适宜于密植，总产量较高。栽植行向以南北向为宜。播种时，将蒜瓣背腹连线与行向平行，以便叶片分布均匀，提高光能利用率。

大蒜一般采用开沟点播，沟距 15~20 cm，沟深 3~4 cm，株距 10 cm 左右，每亩保苗 40000 株左右，用种量 100~150 kg。开沟深浅应一致，蒜瓣直立播入沟内，覆土厚度以顶芽以上 2~3 cm 为宜。

(3)田间管理

春播大蒜除没有越冬期以外，其管理技术与秋播大蒜相同，现以秋播大蒜为例介绍。

①萌芽期

出苗前一般不灌水，避免因缺氧引起烂根、烂母。齐苗后初生叶展开，灌 1 次齐苗水。如果底墒不足，播种后出苗前也可灌 1 次透水，小苗顶土时再浇一小水，以利出苗。出苗后及时中耕松土。

②幼苗期

齐苗水以后要适当控水，进行蹲苗，以中耕保墒为主，促进根系发展，防止徒长和提早退母，以培育壮苗，确保安全越冬。封冻前浇 1 次冻水，用麦秸或腐熟的牛粪等覆盖，保护幼苗安全越冬。翌年早春返青时，浇返青水，并结合浇水每亩施入复合肥 10~15 kg，灌水后及时中耕，提高地温，促根发苗。退母结束前 5~7 天浇水追肥，改善植株营养状况，减轻或避免黄尖，并及时防治蒜蛆。

③蒜薹伸长期

退母后地下部发出第二批新根，植株进入旺盛生长期，对水肥的需求显著增加。一般每 7 天左右浇 1 水，干旱年份还应增加浇水次数。

俗话说："大蒜前期是旱庄稼，后期是湿庄稼"，前期与后期的分界线就是退母。蒜薹采收前 3~4 天停止浇水，以免脆嫩易断。

④鳞芽膨大盛期

采薹以后鳞芽迅速膨大，根、茎、叶的生长逐渐衰退，日平均吸收氮、磷、钾量明显减少，不必再追施肥料，以免茎叶徒长，使蒜头晚熟，不耐贮藏。因温度升高，土壤水分蒸发量加大，应及时浇水，并且要求小水勤灌，保持土壤湿润。蒜头收获前 5~7 天停止灌水，以提高蒜头品质和耐贮性。

(4)收获

蒜薹从开始分化到采收需 40~45 天。蒜薹采收适期为总苞叶开始变白、顶部开始弯曲。采薹应在中午进行。蒜薹采收后约 20 天，叶片枯萎，假茎松软，蒜头充分膨大，为蒜头收获适期。

2.蒜苗栽培技术

(1)播种

蒜苗多利用阳畦或改良阳畦、中小拱棚生产，也可利用温室空隙或边际进行生产。蒜苗生产周期只有 50~70 天，一般 3 月下旬至 6 月中旬均可播种。种蒜处理、整地作畦施肥与露地大蒜栽培基本相同。蒜苗栽培以选用紫皮大瓣种为宜。因以幼苗为产品，所以播种密度应加大，一般瓣与瓣间距 2~3 cm，直立点播，边播边覆土，覆土厚度要求顶芽以上 3~4 cm，不宜过浅。

(2)田间管理

整畦播完后，马上浇水，水渗下后进行第二次覆土，顶芽出土时结合中耕进行第三次覆土，前后三次覆土总厚度 10 cm 左右。此后保持土壤适当湿润。分 2~3 次追施氮肥。适宜生长的前期温度为 25~27 ℃，中后期 18~25 ℃。整个生长期以促为主，可使茎叶柔嫩洁白，商品性好。

(3)收获

收获时连根刨收，收后及时清理畦面，可连续播种下茬。

二、洋葱

洋葱又名球葱、葱头等，属百合科蒜属二年生草本植物，是目前我国主栽蔬菜之一。洋葱以肥大的肉质鳞茎为产品器官，含有较多的蛋白质、维生素以及钙、磷、铁等营养物质，可做菜、调料或作为加工原料。除国内销售外还可大量出口，具有较大的生产发展潜力。

(一)对环境条件的要求

1.温度

洋葱生长适宜温度为 12~26 ℃。种子、鳞茎在 3~5 ℃即能缓慢发芽，12 ℃以上发芽迅速；幼苗生长适温为 12~20 ℃，但在–6~–7 ℃的低温下也可安全越冬；叶部旺盛生长的适温为 12 ℃以上；鳞茎膨大期适温为 20~25 ℃，超过 28 ℃，鳞茎进入生理休眠期。

2.光照

洋葱属于长日照植物。只有在较长的日照条件下洋葱鳞茎才能形成。一般长日照型品种必须达到 13.5~15 h 的日照条件才能形成鳞茎；短日照型品种也需 11.5~13 h 的日照条件。在较短日照和适宜的温度条件下，洋葱只生长茎叶，不能形成鳞茎。

3.水分

洋葱根系浅，吸收水分能力弱，要求土壤湿度较高。适宜的土壤湿度为田间持水量的 60%~70%，若持水量低于 50%，植株吸肥力会受到影响。洋葱在发芽期、幼苗生长旺盛期和鳞茎膨大期需水较多，而在幼苗越冬前和鳞茎收获前需水量少。

4.土壤与养分

洋葱要求肥沃、疏松、保水力强的土壤，以便于根部吸收和鳞茎的膨大。土壤黏重不利于发根和鳞茎生长，沙土保水力和保肥力弱，不适合洋葱生长。洋葱适于生长在 pH 值 6~8 的中性土壤。全生长发育期都要求土壤有充足的肥料供给。一般幼苗期以氮肥为主，配合使用磷肥，鳞茎膨大期增施磷、钾肥，促进鳞茎膨大，提高产品品质。

(二)类型和品种

洋葱一般可分为普通洋葱、分蘖洋葱和顶生洋葱三种类型。按鳞茎皮色可分为红皮、白皮、黄皮、紫皮 4 种。目前一般栽培的有黄玉葱、北京黄皮、江西红皮等品种。

(三)栽培季节与茬口安排

露地洋葱栽培有春播和秋播 2 种。春播洋葱为春季播种，秋季收获，即春季适时播种，形成一定大小的籽球，夏秋定植，秋冬形成商品葱球。秋播洋葱为秋季播种，冬前定植，露地条件下越冬，翌年夏季收获。我国北方多为秋播夏收。

洋葱忌重茬，秋播定植的多以春夏果菜类蔬菜、早秋叶菜类蔬菜等为前茬，春天定植的多以冬闲地为前茬。洋葱后茬主要是秋黄瓜、秋番茄、秋架豆等早秋菜。

(四)秋播洋葱栽培技术

1.品种选择

选用优质、高产、抗病、耐贮、适应性强、商品性好的品种。如黄玉葱、熊岳侧葱、江西红皮、北京黄皮等。

2.播种

播种期的选择根据当地的温度、光照和选用品种的熟性而定。洋葱对温度和光照都比较敏感，因此，秋播对播种期的选择十分重要，播种过早，翌春秧苗抽薹率高，降低产量和品质；播种过晚，秧苗小，越冬成活率低，同样影响产量。一般在 8 月下旬至 9 月中旬适期播种。

3.育苗

(1)苗床准备

选择地势高，土质肥沃、疏松，易排水，2~3 年未种过葱蒜类蔬菜的砂壤地块。每亩施腐熟有机肥 2000~3000 kg，将地翻匀整平后作畦。畦宽 1.5~1.6 m，畦长 7~10 m，每亩畦面用 50%辛硫磷乳油 500 mL 稀释 600~800 倍喷洒。

(2)播种时间与方法

洋葱育苗一般立秋前后播种。播种前一天畦面浅灌水，第二天表土不粘时，将畦面浅耕后撒种，用平耙耧平畦面，再在上面覆盖 1 cm 厚细沙。每亩用种 0.75~1 kg。

(3)苗期管理

苗期正值高温季节，应保证充足的水分，宜勤灌浅灌，做到见干见湿，一般每隔 10 天左右灌 1 次水。苗期一般不追肥，若幼苗黄瘦，可结合灌水，每亩追施尿素 8~10 kg。出苗后，及时间苗，苗距约 3 cm，同时拔除畦面上的杂草。

4.幼苗越冬贮藏

立冬前后，土壤封冻前，幼苗直径约 0.5 mm，3 叶 1 心。将幼苗挖起，去除病、弱、徒长苗，按大小苗分级扎成小把，囤放在背阴无风处的湿润细土或细沙上，幼苗上方覆盖麦草、树叶等保持水分。

5.定植

(1)整地施肥

每亩施腐熟有机肥 3000 kg、磷酸二铵 20~25 kg、硫酸钾 15 kg，混合施于表土层中。地整平后，先喷施乙草胺，然后铺 1.4 m 宽的普通地膜或直接铺黑色地膜，两幅膜之间留 20~25 cm 走道。

(2)定植时间与方法

地膜洋葱在惊蛰前后，土壤解冻后定植。定植前用 50%辛硫磷乳油 600 倍液浸根 15~30 min。用钉好的齿耙等物打孔，株行距均为 15~18 cm，按孔插苗，深度以埋住根茎，幼苗不倒伏为宜。定植苗应有 3~5 片叶，株高 20~25 cm，假茎粗 0.5~0.7 cm，无病虫害。定植密度每亩 30000~40000 株，定植深度 3 cm 左右。

6.田间管理

(1)定植后及返青期

洋葱定植后，要立即浇 1 次缓苗水，水量宜小，以免降低地温。

缓苗后中耕松土，促进根系恢复生长。浇水追肥应视苗情、地力而定，一般应小水勤灌，保持土壤湿润。

(2)叶生长盛期

随着气温的逐渐升高，植株进入叶部旺盛生长期，每隔7~8天灌1次水，使土壤经常保持湿润。生长最旺盛时期，要勤施肥，重施肥，每亩施腐熟人粪尿1500~2000 kg、氮磷钾复合肥15 kg，后期每亩还应施尿素15 kg、硫酸钾5~7 kg。

(3)鳞茎膨大期

洋葱长出7~8片叶后叶片生长缓慢，鳞茎开始膨大。鳞茎膨大前10天灌水，深中耕进行短期蹲苗，促进洋葱的生长向鳞茎的膨大转化。进入鳞茎膨大期，鳞茎迅速膨大，是又一个需肥高峰，每亩施硫酸铵10 kg，慎施氮肥，防止贪青。鳞茎核桃大小时重视追肥，每亩施硫酸钾5~10 kg、尿素10 kg。鳞茎形成期5~6天灌1次水，保持地面湿润。采收前7~10天停止灌水。若发现抽薹植株，及早除去花薹，仍可形成鳞茎，否则会造成减产。

7.采收

鳞茎形成后期，假茎变软并开始倒伏，植株基部第一、第二片叶枯黄，鳞茎停止膨大，外皮革质，进入休眠阶段，标志着鳞茎已经成熟，应及时收获。收获应在晴天进行，拔出鳞茎在田间晾晒2~3天，晾晒时用叶子遮住葱头，只晒叶不晒头。

(五)洋葱先期抽薹及预防措施

1.症状

洋葱一般当年形成鳞茎，第二年抽薹开花。在生产上往往会发生在鳞茎膨大之前就过早抽薹现象，抑制了产品器官的形成，这一现象叫洋葱的先期抽薹（图4-43）。

图4-43 洋葱先期抽薹

2.发病原因

洋葱先期抽薹主要是品种选择不当、秋播过早、苗期管理措施不当等因素引发。

3.预防措施

一是选择对低温不敏感、抽薹率低的品种；二是适宜期播种，控制越冬前幼苗的大小，使越冬前幼苗假茎粗在 0.6~0.9 cm；三是加强苗期栽培管理，避免氮肥不足、土壤干旱等引发洋葱先期抽薹。

三、韭菜

韭菜原产于我国，是以嫩叶、花薹及花为产品的多年生宿根植物，又名山韭、扁菜等。韭菜营养丰富，风味鲜美，具健胃、提神、止汗固涩、补肾助阳、固精等功效，为各地普遍种植的辛香叶菜之一，在北方地区，产销量较大，供应期较长，深受消费者喜爱。

(一)对环境条件的要求

1.温度

韭菜耐寒不耐高温，叶丛可耐-4~-5 ℃的低温，根茎在地表 5 cm 地温为-15 ℃左右时仍能安全越冬。种子在 2~3 ℃就可发芽，发芽适温为 15~18 ℃，生长适温为 12~24 ℃，超过 24 ℃，生长缓慢，品质下降，高于 30 ℃叶片易枯黄。

2.光照

对光照强度要求适中，强光照影响光合作用及养分的积累，导致生长缓慢，品质差；光照过弱则营养不足，叶小，分蘖少，产量低。

3.水分

韭菜为半湿润性蔬菜，叶部耐旱，根系喜湿。

4.土壤和养分

对土壤的适应性很强，黏土、沙土、壤土均可栽培。最适种植在富含有机质，表土深厚，保水、保肥能力强的壤土，重黏质土种易发生较重的根蛆。韭菜苗期耐盐能力差，成株后耐盐性有一定提高，因此育苗时应选择中性或弱碱性肥沃土壤。韭菜耐肥性强，氮肥充足可使叶片肥大柔嫩，叶色鲜绿；磷肥可促进植株对氮肥的吸收，提高韭菜的品质；钾肥可加速体内糖分的合成运转，促进细胞分裂和膨大。生产上需以氮肥为主，磷、钾肥配合使用。

(二)类型和品种

韭菜的栽培品种根据主要食用器官的不同分为根韭、叶韭、花韭和叶花兼用韭，其中以叶花兼用韭栽培最为普遍。按叶片宽窄分为宽叶韭和窄叶韭。宽叶韭又称大叶韭，叶片宽厚，叶鞘粗壮，品质柔嫩，香味稍淡，产量高，易倒伏，优良的品种有汉中冬韭、河南791雪韭、天津大黄苗、北京大白根等。窄叶韭又称小叶韭、线韭，叶片狭长，叶鞘细高，纤维稍多，香味较浓，直立性强，不易倒伏，优良的品种有北京铁丝苗、保定红根韭、诸城大金钩等。

(三)栽培季节与茬口安排

韭菜适应性广又极耐寒，播种季节很长，从土壤解冻到秋分可随时播种。春播从土壤解冻可陆续播种，一般从清明至立夏较好。秋播8月上旬至9月下旬播种，第二年春季定植。韭菜为多年生蔬菜，可以瓜类蔬菜、茄果类蔬菜、豆类蔬菜、禾本科作物等为前茬，避免与葱蒜类作物连茬。

(四)露地青韭栽培技术

1.品种选择

根据不同地方生产条件和消费习惯，选择宽叶或窄叶，抗逆性强、产量高的优良品种。

2.播种和育苗

(1)播种

露地青韭在春、秋两季均可播种，但以春播较为普遍。春播韭菜在地温稳定在12 ℃即可播种。直播一般在3月下旬至5月下旬均可播种，应适时早播，每亩播量1～2 kg。直播多用干籽条播，按行距20~25 cm，幅宽 10~15 cm，深 10 cm，覆土 1~2 cm。

（2）育苗

一般每亩苗床播种 5~7.5 kg，可供 $4.7×10^3$~$6.7×10^3$ m² 地栽植。育苗播种干播、湿播均可，一般秋季采用干播，春季则宜湿播。湿播的最好先进行浸种催芽处理，方法是先将种子用温水浸泡，然后搓洗除去秕子，继续浸泡 12~24 h，置于 15~20 ℃处催芽，2~3 天后大部分种子露白即播种。苗床撒播、条播均可。条播行距 10~12 cm，开 1.5~2.0 cm 的浅沟，将种子均匀撒于沟内，再平整畦面，覆盖种子后镇压。

3.播后管理

韭菜种皮坚硬，不易吸水，发芽缓慢，只有保持土壤湿润才能正常出苗。韭菜播种后的出苗天数，取决于温度的高低，由 6~7 天到 20 天不等。播种后浇 1 次小水，简单加盖地膜或废旧塑料保墒。小水勤浇，3~4 天浇 1 水，一旦发芽就及时揭去地膜，以防膜下高温造成伤苗。出苗后保持土壤湿润。当苗高 4~6 cm 时及时浇水，以后每隔 5~6 天浇 1 水，当苗高 10 cm 时每亩随水追尿素 10 kg。苗高 15 cm 后，适当控水，防苗过高、过细发生倒伏。韭菜苗期极易滋生杂草，须及时除草或施用化学除草剂。

4.定植

定植前 1~2 天苗床浇起苗水，起苗时多带根抖净泥土，将幼苗按大小分级、分区栽植。为便于定植，促进新根发育，可留须根 7 cm；为减少叶面蒸腾，留叶 10 cm。韭菜的定植期应根据播种早晚和幼苗大小而定。春播苗于夏至后立秋前定植。秋播苗于第二年春季清明定植。一般定植苗以株高 15~20 cm、单株有叶 6~9 片叶为宜。定植时最好避开高温、高湿季节。定植前按植株大小分级，以便植株生长均匀一致。栽植时，植株茎部摆平、压紧。栽植密度依栽培方式和品种分蘖能力的强弱而定，平畦栽培，行距 20~30 cm，穴距 12~15 cm，每丛 15~30 株；垄栽行距 30~40 cm，穴距 15~20 cm，每穴 20~30 株。栽后及时浇水，以利成活。

5.田间管理

(1)定植当年的管理

定植15天左右，秧苗返青成活后，灌缓苗水，及时中耕松土，以后结合天气和土壤情况，每隔10~15天灌水1次。小暑至白露期间，灌第二次水开始追肥，施肥量由少到多，每亩每次施入腐熟碾细的油渣100~250 kg，并加施氮磷复合肥10~15 kg。将肥料均匀撒入沟内，然后覆土灌水，覆土厚度以不埋没韭叶分杈处为宜。土壤封冻前灌足冬水，以确保安全越冬和翌春适时返青。

(2)第二年及以后的管理

韭菜定植后从第二年起，即进入正常生长。春季韭菜开始萌发时，深中耕一次，以提高地温。返青时，浇水不宜过早，以免降低地温。植株长出7~9片叶收割最佳。收割后，待新叶长到3~5 cm高时，结合浇水每亩施入5 kg左右尿素，8~9天后叶片长到10 cm左右时，追第二次肥。切忌收后立即灌水，以免引起根茎腐烂。每次收割后，都应及时锄草松土，待伤口愈合，新叶萌发后立即追肥、灌水。韭菜有跳根习性，为促进新根生长，延长植株寿命，防止植株倒伏，需年年上土。上土宜用细土，在紧撮后选晴天中午进行，厚度依韭菜跳根高度而定，一般为1.5~2.0 cm。上土后普遍松土1次，使上土与原土混合。

四、大葱

大葱原产于我国西北及相邻的中亚地区，是我国栽培最早的蔬菜之一，大葱以叶身和假茎为产品，营养丰富，味辣芳香，生熟均可，是四季常备的调味佳品。

(一)对环境条件的要求

大葱对环境条件的要求不严格，适宜性强。但在适宜的环境条件下，才能达到高产优质的目的。

1.温度

大葱为耐寒性蔬菜，能忍耐的温度下限可达-20 ℃，上限为45 ℃

左右，适宜的温度范围为 7~35 ℃，生长适温为 10~25 ℃。

2.光照

大葱对光照要求不高，对光照时数要求为中性，只要通过春化阶段，无论长日照或短日照下均可抽薹开花。

3.水分

大葱为半喜湿性蔬菜，各生长发育期不宜过于干旱，但大葱不耐涝，应防止田间积水，长期过湿，以免沤根死苗。

4.土壤及养分

大葱对土壤要求不严格，但根系对肥、水的吸收能力较弱，以选择土层较厚、排水良好、富含有机质的疏松土壤为宜。土壤 pH 值以 7.0~7.4为宜。大葱喜肥，生产上应以有机肥和氮肥为主，配合施用磷、钾肥。

(二)类型和品种

大葱依葱白长短，可分为长白型、短白型、鸡腿型三种类型(图4-44)。长白型大葱生长时间长、产量高、辛味辣而较甜，含水量较高，不耐贮存，主要品种有山东章丘大葱、河北抚宁海阳大葱等；短白型大葱叶身抗风力较强，不需深培土，较易栽培，产量较高，生熟食皆宜，较耐贮藏，代表品种有寿光八叶齐、天津五叶齐等；鸡腿型大葱假茎产量较低，但风味浓、宜熟食，耐贮性较好，适合粗放栽培，代表品种有河北隆尧鸡腿葱、莱芜鸡腿葱等。

  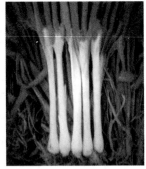

1. 长白型   2. 短白型   3. 鸡腿型

图 4-44　大葱品种

(三)栽培季节和茬口安排

大葱忌连作，宜与粮食作物等实行 2 年以上轮作。大葱根系分泌物对危害其他作物的土壤病原菌有抑制作用，是多种蔬菜和粮棉作物的良好前茬。大葱的栽培形式较多，利用不同品种、不同播期，可在露地条件下多季节种植和收获不同标准的大葱产品。

(四)栽培技术

1.育苗

(1)播前准备

选择地势较高、排灌良好、疏松肥沃且近 2~3 年没种过葱蒜类蔬菜的地块。前作收获后及时清理整地，做平畦宽 1.6 m 左右，长度无具体要求，每个畦内施腐熟过筛优质有机肥 3 kg/m²，在加磷酸二铵 30 g/m²，然后整平畦面。

(2)播种

大葱播种期一般为 9 月中下旬，不宜过早，否则先期抽薹严重，但如果过晚，越冬死苗率高，且幼苗质量不好。掌握标准是：幼苗越冬前长成 2~3 片真叶，株高 10 cm 左右，假茎粗 0.4 cm 左右。播种量为 2.5~4 g/m²，可栽培 8~10 倍的定植田。播种方法有撒播和窄行条播 2 种。

(3)播后管理

条播大葱，播种到齐苗需连续浇水 2~3 次，保持床面湿润，防止板结；撒播大葱，出苗前一般不浇水，齐苗时浇 1 次水。第一片真叶出现时，开始适当控水，一般到越冬前浇水 5~6 次即可。幼苗期一般不需追肥，如果播种偏晚，幼苗弱小，可结合浇水追施尿素 4.5~7.5 g/m²。

(4)越冬管理

大葱幼苗多采用就地越冬，当土壤昼化夜冻时，一般在 11 月中下旬，结合浇冻水追施一次充分腐熟的农家肥，并覆盖地膜和小麦秸秆，保护幼苗安全越冬。到第二年 3 月中旬前后幼苗开始返青生长，及时浇返青水，并施入硫酸铵 20~30 g/m²。如果冻水充足，返青水应适当推迟，防止降低地温。以后浇水保持见干见湿，适当中耕蹲苗，防止定植前徒长。5月中下旬葱苗长有6~7片叶时，应控制浇水，锻炼幼苗，准备定植。

2.定植

(1)定植前的准备

定植大葱应选择3年未种植过葱蒜类蔬菜、土层深厚、排灌良好、保水保肥的地块。前茬作物收获后及时整地施基肥，每亩施优质有机肥4000 kg左右、过磷酸钙50 kg，深耕翻匀，然后做畦。大葱一般均采用沟畦栽植，沟畦的规格与选用品种、栽培的目的有关。定植前3~4天，育苗畦浇水，以利起苗。起苗是用锹挖出，抖净泥土，按大、中、小分级，剔除病苗、弱苗、伤苗及抽薹苗。

(2)定植方法

大葱定植适宜时期为7月上旬，收获后长期贮藏的定植期不宜过早。定植时对葱苗的要求是假茎粗1~1.5 cm，植株高30~40 cm。定植方法有2种。一是排葱法：即沿沟畦的一侧按规定株距将葱苗直立排入，然后覆土，用脚踩实。定植短白型和鸡腿型大葱品种，多采用排葱法。此法优点是进度快，用工省，但培育出的葱白基部弯而不直。要培育葱白长而直的产品需用插葱法。另一种是插葱法：一手拿葱苗，一手捏葱杈子，下端小杈压住须根基部，用力垂直向下插入沟内，边插边踩。注意定植的深度以不埋住最后一片叶的基部为宜。定植后马上顺沟浇定植水。如果基肥施用量不足，定植前可以沿沟集中施一次腐熟有机肥。

3.定植后管理

(1)水肥管理

①缓苗越夏期

此期天气炎热，适当浇水，及时中耕松土除草，促使根系恢复生长，防止因水多引起根系腐烂或缺水造成死苗。8月上旬地上部分开始缓慢生长，可以小水勤浇，并结合浇水追肥，每亩施尿素 10 kg、硫酸钾 5 kg，然后在土壤水分适宜时进行第一次培土。

②旺盛生长期

从 8 月中旬到 10 月中旬是大葱旺盛生长的葱白发育形成期。田间管理的重点是水肥齐攻和多次培土。浇水要掌握轻浇、早晚浇的原则，要经常保持土壤湿润。具体做法是：在处暑前进行第一次培土和平沟，并进行第二次追肥，每亩施尿素 15 kg、硫酸钾 20 kg。

③葱白膨大期

白露以后，气候凉爽，昼夜温差较大，进入葱白膨大期。要在白露和秋分分别进行第三次和第四次培土施追肥。每亩施尿素 10~15 kg、硫酸钾 10~15 kg。培土的高度以每次不埋住葱心为准。应在下午进行，避免早晨露水大，叶片脆造成折断腐烂和传播病害。

④葱白充实期

霜降前后，天气日渐冷凉，叶子生长缓慢，进入葱白充实期。要小水勤浇，不可缺水，否则会使叶子枯软、葱白松软空洞、品质和产量大幅度下降。收获前 7~10 天停水，以利收刨和贮运。

(2)培土

培土是大葱栽培的一项重要技术措施，主要作用是软化叶鞘、防止倒伏、促进葱白延长生长、提高产量和品质。随着大葱不断长高，培土应随时进行，逐渐将背上的土推入定植沟内。到 8 月底 9 月初平沟，此后继续分次培土，使原来的垄背变成垄沟，定植沟变成垄背。这就是菜农所说的大葱"种在沟里，长在垄上"。每次培土的高度要依葱白生长的长度而定，一般为 3~4 cm。

4.收获

(1)收获时间

根据市场需要，可随时收获鲜葱上市。冬贮干大葱应在晚霜以后收获。标准是：叶内水分较少，外叶生长基本停止。叶色逐渐变成黄绿，假茎肥大为收获适期。收获过早葱白产量低，品质次；收获过晚葱白易失水而松软，贮藏期易腐烂。

(2)贮藏

打捆，大葱收获后抖净泥土，摊晾2~3天，待叶片柔软，表层叶鞘半干时，除去枯叶，分级捆10~15 kg，存放于阴凉处。注意初期应防止捆内温度过高，发热腐烂，大葱贮藏期间怕热不怕冻，即使结冰也能缓慢恢复正常。

五、葱蒜类蔬菜病虫害防治

(一)主要病害防治技术

1.洋葱灰霉病

(1)症状识别

由半知菌亚门葱鳞葡萄孢菌属真菌侵染所致。叶片受害时，最初生白色至浅灰褐色小点，而后扩大成椭圆至梭形，潮湿时表面有霉层。发病后期，病斑互相融合成大片枯死斑，直到半叶或全叶枯死。

(2)发病原因

病原菌以菌核形式潜伏于土壤中，高湿低温下产生孢子传播，覆盖栽培时湿度大、棚端滴水、叶面结露、浇水多、施用氮肥过多时发病严重。

(3)防治措施

①农业防治

一是及时清除病残体；二是注意棚内通风，控制浇水，减少叶面结露。

②化学防治

对新叶和周围土壤喷洒1次1500~2000倍液的50%速克灵粉剂或50%扑海因可湿性粉剂1000~倍液或70%代森锰锌可湿性粉剂350倍液或75%百菌清可湿性粉剂500倍液或50%多菌灵可湿性粉剂或50%甲基托布津可湿性粉剂300倍液，连续喷2~3次。农药应交替使用。

2.大蒜病毒病

(1)症状

又称花叶病，主要由大蒜花叶病毒和大蒜潜隐病毒等多种病毒复合侵染引起。叶片有黄色条纹，或叶片扭曲、开裂、折叠，或叶尖干枯、萎缩，或植株矮小、瘦弱，心叶停止生长，根系发育不良，或不抽薹，或蒜薹上有黄色斑块。

(2)发病原因

病毒以害虫携带传播，被病毒侵染的蒜头当年不表现症状，而是在长成的植株上表现出来。高温干旱、植株发育不良时症状严重。

(3)防治措施

①农业防治

一是采用脱毒种，消灭传毒媒介；二是播种前严格选种，淘汰有病、虫的蒜头，再用80%敌敌畏1000倍液浸泡24 h，消灭螨类；三是实行3~4年的轮作；四是对种子田进行严格选择，及时拔除病株。

②化学防治

发病初期喷20%病毒A可湿性粉剂500~1000倍液或1.5%植病灵乳油1000倍液。

3.大蒜叶枯病

(1)症状

由子囊菌亚门真菌侵染所致，主要危害叶片和花薹。叶片发病，多始于叶尖，初为白色圆形斑点，逐渐扩大后呈不规则形灰白色至灰褐色病斑，表面密生黑色霉状物，严重时枯死。花薹发病，易从病部折断，严重时不抽薹。

(2)发病原因

病菌随病残体在土壤中越冬，第二年散发出子囊孢子，从植株伤口等处侵染。常伴随霜霉病、紫斑病混合发生。

(3)防治措施

①农业防治

及时清除病叶、病薹；合理密植，雨后及时排水。

②药剂防治

发病初期用75%百菌清可湿性粉剂600倍液或50%扑海因可湿性粉剂1500倍液或64%杀毒矾可湿性粉剂500倍液等，隔7~10天喷1次，连续3~4次。

4.大葱紫斑病

(1)症状识别

由半知菌亚门链格孢属真菌侵染所致，危害叶片、花梗、鳞茎。初期病斑小，灰色至淡褐色，中央微紫色，有黑色分生孢子。病斑很快扩大为椭圆形或纺锤形，凹陷，呈暗紫色，常形成同心轮纹。环境条件适宜时病斑扩大到全叶，或绕花梗一周，叶片、花梗枯死或折断（图4-45）。

图4-45 大葱紫斑病

(2)发病规律

病原菌为真菌，以菌丝附着在病残体上，在土中越冬，第二年分生孢子借气流、雨水传播，从气孔、伤口侵入。在温暖多湿、连阴多雨、缺肥、植株长势较弱、有伤口的情况下发病严重。

(3)防治方法

①农业防治

清洁田园，实行轮作，多施有机肥，小水勤浇，保持土壤湿润，培育壮苗，增强抗病力。

②药剂防治

一是用40%甲醛300倍液浸种3 h，消灭种子中的病菌；二是发病初期喷洒75%百菌清可湿性粉剂600倍液或70%的代森锰锌可湿性粉剂500倍液或50%的甲基托布津可湿性粉剂600倍液或64%杀毒矾可湿性粉剂500倍液。药剂交替使用，每7~10天喷1次，共喷3~4次。

5.葱类霜霉病

(1)症状识别

由真菌侵染所致，主要危害叶及花梗。叶片染病从中下部叶片开始，病部以上逐渐干枯下垂。假茎染病，多破裂、弯曲，严重时导致畸形。花梗染病，初生黄白色或乳白色较大病斑，长卵形至椭圆形，湿度较大时，病部产生白色霉状物（图4-46）。

1. 病叶   2. 病花

图4-46　大葱霜霉病

(2)发病规律

病菌在寄主种子或土中越冬，第二年春天借风、雨、昆虫从植株的气孔侵入传播。低洼地、重茬地发病重，阴凉多雨、多雾天气发病重。

(3)防治方法

①农业防治

一是选择高燥、排水方便的地块，并实行2~3年的轮作；二是选用抗病品种，一般红皮品种、黄皮品种较抗病；三是及时清理病株或残体，带出田外深埋或烧毁。

②化学防治

一是种子消毒，用种子质量0.3%的雷多米尔拌种或用50 ℃温水浸种25 min，再用清水冲洗晾干后拌种；二是药剂防治，发病初期喷洒75%百菌灵可湿性粉剂600倍液或50%甲霜铜可湿性粉剂800～1000倍液或64%的杀毒矾M8可湿性粉剂500倍液或72.2%普力克水剂800倍液等，每7～10天喷1次，连续喷洒2～3次。

6.韭菜疫病

(1)症状

主要危害假茎和鳞茎。假茎受害呈水浸状浅褐色软腐，叶鞘易脱落，湿度大时，其上长出白色稀疏霉层。鳞茎受害，根盘部呈水浸状，浅褐至暗褐色腐烂，纵切鳞茎内部组织呈浅褐色（图4-47）。

(2)发病规律

图4-47　韭菜疫病

病菌在病株上或随病残体在土壤中越冬。韭菜发病后，潮湿条件下，病斑上产生大量游动孢子，随风、雨和灌溉水传播，落在韭菜叶片上，在温度适宜并有水滴存在时侵入韭菜，引起再侵染。在生长季节中重复发生再侵染，病株不断增多。温度25～32 ℃、高湿闷热时发病重。夏季是露地韭菜疫病的主要流行时期，尤其是多雨、高温闷热天气。

(3)防治措施

①农业措施

选择质地疏松的地块，合理轮作倒茬，严禁大水漫灌，雨后及时排水。

②化学防治

用58%甲霜灵、锰锌可湿性粉剂500倍液或75%百菌清可湿性粉剂500倍液灌根，隔10天后再灌1次。

7.菌核病

(1)症状

主要危害韭菜、油麦菜等蔬菜的叶片、叶鞘和茎部。受害叶片、叶鞘和茎部初变褐色或灰褐色，后腐烂干枯。病部可见棉絮状菌丝缠绕及由菌丝纠结成的黄白至黄褐色菜籽状菌核。

(2)发病规律

病菌以菌核或病残体遗留在土壤中越冬。北方地区 3—4 月气温回升到 5~30 ℃，若土壤湿润，菌核萌发产生子囊盘和子囊孢子。子囊盘开放后，子囊孢子成熟即喷出，形成初次侵染。子囊孢子萌发先侵害植株根茎部或基部叶片，受害病叶与邻近健株接触即可传病。菌核本身也可产生菌丝直接侵入茎基部或近地面的叶片。发病中期，病部长出白色絮状菌丝，形成的新菌核萌发后，进行再次侵染。发病后期产生的菌核则随病残体落入土中越冬。空气相对湿度85%以上，病害发生重，空气相对湿度65%以下病害轻或不发生。

(3)防治措施

①农业防治

合理密植，防止积水；增施磷钾肥，避免偏施氮肥。

②化学防治

采收后及时喷洒 500~600 倍液 4%农抗 120 瓜菜烟草型液等进行防控，每隔 10~15 天喷 1 次，连续喷施 2~3 次。

(二)主要虫害防治技术

1.蓟马 （图 4-48）

1. 为害症状　　　　2. 若虫　　　　3. 成虫

图 4-48　蓟马

(1)为害特点

主要危害葱蒜类及瓜果类蔬菜和烟草、棉花等。成虫和若虫都能为害，以刺吸式口器危害植物心叶、嫩芽的表皮，舔吸汁液，出现针头大小的斑点，严重时造成叶片枯黄。

(2)发生规律

以成虫或若虫在植株叶鞘和土缝、落叶中越冬，也可以蛹态在土中越冬，春天开始活动。天旱无雨或浇水不及时为害严重，7月以后气温升高，降雨增多，活动受限。

(3)防治措施

①**农业防治**

及早清除地里的枯枝落叶，消灭虫源，适时灌溉。

②**化学防治**

用 50%马拉硫磷乳油或 50%乐果乳剂或 50%辛硫磷乳油或 50%巴丹可湿性粉剂 1000 倍液或灭杀毙 6000 倍液进行防治。以上药剂要轮换使用。

2.**葱地种蝇**（图 4-49）

(1)为害特点

葱地种蝇又名葱蝇、葱蛆，危害各种葱蒜类蔬菜。幼虫蛀入大葱鳞茎内取食，引起糜烂。

1. 为害症状　　　　2. 幼虫　　　　3. 成虫

图 4-49　葱地种蝇

(2)发生规律

以蛹在土中或粪堆中越冬，一年发生 3~4 代。早春成虫大量出现，喜欢趋向发臭粪堆和粪饼。卵多产在植株根部附近湿润土面及幼苗和鳞茎上。孵化后钻入鳞茎，老熟幼虫在被害植株周围土中化蛹。

(3)防治方法

①农业、物理防治

一是诱杀成虫，用糖醋液（白糖 1 份、醋 1 份、水 2.5 份）加少量敌百虫，倒入放有锯末的碗中，加盖，在晴天的白天置于田间开盖诱杀；二是施用充分腐熟的农家肥，并施匀深施。

②药剂防治

成虫产卵时用可杀毙 6000 倍液或 2.5%溴氰菊酯 3000 倍液，7 天1 次，喷 2~3 次；或用 50%的辛硫磷乳剂 500 倍液、40%乐果乳剂1000 倍液、90%敌百虫（美曲膦酯）1000 倍液。

3.韭菜根蛆（图 4-50）

(1)为害特点

幼虫为害时蛀入韭菜等的鳞茎或幼苗，使鳞茎被蛀成很多孔洞，引起腐烂，上部叶片枯黄、萎蔫，造成缺苗断垄，甚至成片死亡。

(2)发病规律

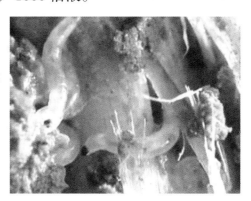

图 4-50　韭菜根蛆

韭蛆对温度适应范围较宽，在我国大部分地区都能安全越冬。一般幼虫在春、秋季危害韭株叶鞘、幼茎、芽，引起幼茎腐烂，叶片枯黄。夏季幼虫向下活动，蛀入鳞茎，造成鳞茎腐烂，引起死亡。冬季潜入土下 3 cm 处越冬。露地韭菜有 3 个严重受害期，分别是 4 月上旬至 5 月下旬；6 月上中旬；7 月上旬至 10 月下旬，其中以最后一次受害最重。

（3）防治方法

①农业防治

合理轮作，与韭蛆不能寄生的非韭、葱、蒜类作物轮作3年以上，有条件的可进行水旱轮作，防效更好。

②化学防治

一是用辛硫磷灌根或撒施。一般按每亩用5%辛硫磷颗粒剂2 kg，掺些细土撒于韭菜根附近，再覆土。或用50%辛硫磷乳油800倍液与Bt乳剂400倍液混合灌根。先扒开韭菜附近表土，将喷雾器的喷头去掉旋水片后对准韭根喷浇，随即覆土。二是在幼虫为害盛期，韭菜叶片开始变黄变软出现倒伏时，每亩用48%乐斯本乳油200 mL对水1000 kg灌根。三是在成虫羽化盛期用75%辛硫磷乳油1000倍液或菊酯乳油2000倍液或50%敌敌畏乳油2000倍液或2.5%溴氰菊酯3000倍液喷雾防治。

第七节　绿叶菜类蔬菜

绿叶菜类蔬菜主要以幼嫩的叶片、叶柄或茎部供食。绿叶菜类蔬菜富含各种维生素和矿物质，营养丰富，是人们喜食的一类蔬菜。

一、芹菜

芹菜属于伞形花科芹属1~2年生蔬菜作物，有中国芹菜（本芹）和西洋芹菜（西芹）之分。中国芹菜在我国栽培历史悠久，分布很广；西洋芹菜近年来栽培面积逐步扩大。芹菜含有丰富的维生素、矿物盐及挥发性的芹菜油，具香味，能促进食欲。

(一)对环境条件的要求

1.温度

芹菜属半耐寒性蔬菜，喜冷凉气候。种子发芽适温为15~20 ℃。营养生长期白天最适温度为15~20 ℃，幼苗可耐-4~-5 ℃低温，成株可耐-7~-8 ℃低温。当幼苗长到 3~4 片叶时，在 2~5 ℃和长日照条件下，经过 10~20 天，就可通过春化阶段，抽薹开花。

2.光照

芹菜属低温长日照蔬菜。种子发芽时喜光，有光条件下易发芽，黑暗下发芽迟缓。生长发育初期要有充足的光照，以使植株开展，充分发育。长日照可以促进芹菜苗端分化花芽，促进抽薹开花；短日照可以延迟成花过程，促进营养生长。

3.水分

芹菜为浅根性蔬菜，吸水能力弱，对土壤水分要求较严格，整个生长期要求充足的水分条件。营养生长期间要保持土壤和空气湿润状态，否则叶柄中厚壁组织加厚，纤维增多，甚至植株空心老化，产量及品质都降低。

4.土壤和养分

芹菜喜有机质丰富、保水保肥力强的壤土或黏壤土。缺水缺肥，易使叶柄空心。芹菜适宜的土壤 pH 为 6.0~7.6。在芹菜整个生长过程中，氮肥对产量和品质影响较大。氮肥不足，叶数分化较少，叶片生长也较差。此外，芹菜对硼较为敏感，土壤缺硼时芹菜叶柄出现褐色裂纹，下部叶柄劈裂、横裂和株裂等，或发生心腐病，发育明显受阻。

(二)类型和品种

芹菜分本芹和西芹 2 种类型。本芹，即中国类型，株形较小，叶柄细长，多空心，纤维多，香味浓，生长发育期短，单株产量低，代表品种有实秆绿芹、天津实心芹、玻璃脆、白庙芹菜等；西芹，即欧洲类型，株形大，叶柄宽，多实心，味甜，纤维少，香味淡，生长发育期较长，单株产量高，代表品种有加州王、嫩脆、意大利冬芹等。

(三)栽培季节与茬口安排

芹菜露地栽培季节有春芹菜、夏芹菜、秋芹菜等，以秋茬栽培为最多。芹菜需要育苗移栽，不宜直播。春芹菜一般 3 月下旬至 4 月上旬播种育苗，5月下旬开始定植移栽，8月下旬收获。芹菜对茬口要求不严，以豆类蔬菜、瓜类蔬菜等为宜。芹菜应进行轮作倒茬，2~3年内不能连作。

(四)春芹菜栽培技术

1.品种选择

选择适宜北方地区种植且商品性状优良，抗病性和抗逆性强，产量高、生长快的早熟或早中熟品种，如玻璃脆芹菜、意大利西芹、美国西芹等。

2.栽培季节

芹菜需要育苗移栽，不宜直播。一般3月下旬至4月上旬播种育苗，5月下旬开始定植移栽，8月下旬收获。

3.育苗

(1)苗床准备

选择排灌方便、土壤疏松肥沃、保肥保水性能好、2~3年未种过伞形花科作物的田块做苗床。每1 m² 苗床施入腐熟有机肥10 kg、氮磷钾复合肥100 g，加50%多菌灵可湿性粉剂10 g。翻耕细耙，做成畦面宽1.0~1.2 m、畦沟宽0.3~0.4 m、沟深15~20 cm的高畦。苗床面积与大田面积之比宜为1:10~1:12。

(2)苗床播种

3月下旬至4月上旬播种。播种前1天将苗床浇透底水，种子拌细干沙均匀散播，播后覆盖0.5~1 cm厚过筛培养土。苗床表面覆盖地膜，最后盖小拱棚和大（中）棚保温。

(3)苗期管理

开始出苗后，应及时揭除地膜，控制浇水量和浇水次数。随着气温升高，宜逐渐增大通风量。

(4)分苗

3~4片真叶时，进行分苗假植，假植苗距为6 cm。最好用口径为

6~8 cm 的营养纸钵假植分苗，做到秧苗带土移栽。

4.定植

（1）整地施肥

前茬作物收获后，及时翻耕。每亩施腐熟有机肥 3000~5000 kg、三元复合肥 40~50 kg、硼砂 0.5~1.0 kg。深翻 20 cm，使土壤和肥料混合均匀，耙细整平。

（2）定植

幼苗 5~6 片真叶时定植于露地，株行距为 10 cm×15 cm。起苗前苗床浇 1 次透水，以减少根系损伤。定植宜在下午阳光较弱时进行，定植深度以与根茎齐平为宜。定植后立即浇水，使根系与土壤密切接触。

（3）定植后的管理

①缓苗期管理

定植后 10~15 天为缓苗期，此期应小水勤灌，保持土壤湿润，促进缓苗。

②蹲苗期管理

植株开始长新叶，说明根系恢复生长，此期结合浇水，追施少量化肥，然后中耕蹲苗，促进根系扩展，至长出 3~4 片新叶结束。

③营养生长旺盛期

包括立心期和心叶生长期。蹲苗结束后新叶直立向上，植株生长旺盛，生长量加大，应加强肥水供应，每 3~4 天浇水 1 次，并随水追施速效氮肥 2~3 次。

5.收获

春芹菜应在抽薹前及时采收上市，以免降低品质，一般在 5 月至 6 月下旬陆续采收上市。采收时要剔除老叶、黄叶，保持产品新鲜整洁。

(五)芹菜生理病害及预防

1.缺钙心腐病

(1)症状

生长点的生长发育受阻，中心幼叶枯死，同时附近心叶的顶叶叶脉间发生白色到褐色斑点，斑点相连叶缘部枯死。若心叶叶脉不黄化，呈花叶状，则可能是病毒病；心叶萎缩扭曲，可能是缺硼。

(2)发病原因

一是氮、钾等过多或土壤干燥；二是空气湿度小，蒸发快，补水不足；三是土壤本身缺钙；四是土壤通透性差，气体交换困难。

(3)预防措施

一是土壤若缺钙，应增施含钙肥料；二是避免一次大剂量施用氮肥和钾肥；三是适时浇水，保证水分充足，中耕松土，增强土壤通透性；四是用0.3%的氯化钙水溶液喷洒叶面。

2.芹菜早期抽薹

(1)症状

芹菜在收获前长出花薹，使食用品质下降。

(2)发病原因

芹菜苗定植过早，遇低温或强光照、干旱等都会发生抽薹现象，温度较低，不论定植早晚，抽薹率均高。

(3)预防措施

一是选择冬性强、耐低温能力强、营养生长旺盛、生长速度快、抽薹迟的优良品种；二是适时播种，注意保温，避免苗期低温，防止幼苗通过春化阶段，发生抽薹；三是生长盛期每隔7~10天喷一次20~50 mg的赤霉素（920），连喷2~3次，可促进营养生长，减缓先期抽薹；四是在花薹长出前收获，减轻先期抽薹的影响。

二、菠菜

菠菜，又名赤根菜，为藜科菠菜属1~2年生草本植物。菠菜是蔬菜中抗寒性最强的种类之一，是我国北方地区重要的越冬蔬菜，同时由于它的适应性较广，又是我国南北各地春、秋、冬季的重要蔬菜之一。

(一)对环境条件的要求

1.温度

菠菜为耐寒性蔬菜，成株在冬季最低气温为-10 ℃左右的地区可在露地安全越冬，具有4~6片真叶的植株耐寒力最强，可耐短时-30 ℃低温。种子在4 ℃时即可发芽，发芽适温为15~20 ℃。菠菜植株在10 ℃以上就能很好生长，营养生长最适宜温度为17~20 ℃，高于25 ℃则生长不良。

2.光照

菠菜是长日照作物，日照长于12 h时，不论播种后是否经过低温条件，均能迅速分化花芽，分化花芽后，当温度升高、日照延长时迅速抽薹开花。

3.水分

菠菜喜湿润，要求空气相对湿度80%~90%，土壤相对湿度70%~80%为适宜。干燥时生长缓慢，叶片老化，品质差。

4.土壤和养分

菠菜对土壤的适应性较广，但以保水、保肥力强，富含腐殖质的砂壤土为好。菠菜耐微碱，适宜的土壤pH为6~7。菠菜为速生菜，需保持充足的速效性养分，其中以氮肥为主，其次是磷肥和钾肥。

(二)类型和品种

菠菜以其叶形和种子形状分为尖叶菠菜和圆叶菠菜2类。尖叶菠菜又称"中国菠菜"，叶柄长，叶片较平整、光滑且窄小，尖端似箭形，基部多裂刻。果皮较厚，有棱刺，早熟、高产，耐寒力强，抗热力较弱。主要品种有北京尖叶菠菜、上海尖圆叶菠菜、华菠三号菠菜、广州迟乌叶菠菜等。圆叶菠菜叶柄较短，叶面有皱缩，叶片大而肉厚，呈卵圆形或椭圆形，基部心脏形，种子无刺，果皮较薄。春季抽薹较迟，产量高，多用于春、秋两季栽培。主要品种有东北圆叶菠菜、南京大叶菠菜、绿海大叶菠菜、华菠二号菠菜等。

(三)栽培季节与茬口安排

菠菜适应性广，生长发育期短，产品不论大小均可食用，既有耐寒的品种，又有耐热的品种。因此，基本上可做到四季播种，周年供应。菠菜对茬口要求不严，土壤肥沃易获得高产，适宜的前茬为豆科作物及各类蔬菜。

(四)栽培技术

1.越冬菠菜栽培技术

(1)品种选择

宜选抗寒力强、冬性强、抽薹迟的品种，如华菠一号、北京尖叶菠菜等。

(2)选地作畦

选背风向阳、土质疏松肥沃、排水条件好、中性或微酸性土壤。一般每亩施腐熟有机肥 5000 kg、三元复合肥 25 kg，深耕 25~27 cm。整地时可做成 1.2~1.5 m 宽的平畦，播前应灌足底水。

(3)播种

越冬茬菠菜在停止生长前，植株达 4~6 片叶时，才有较强的耐寒力。因此，当日平均气温降到 17~19 ℃时，最适合播种。播前先搓破种子，使种皮变薄，以利于吸水。一般采用干籽或湿籽（用 35 ℃温水浸泡 12 h 捞出晾干）直播。播种时按行距 8~10 cm 开沟条播，苗出齐后，按株距 7 cm 定苗。每亩用种量为 4~6 kg，寒冷地区应适当增加播种量。

(4)田间管理

①越冬前的管理

出苗前可浅锄松土。幼苗 3~4 片叶前要注意保持土壤湿润，可灌

1~2 次水，苗弱可追 1 次提苗肥。3~4 片叶后，浅锄 1 次，同时去除过密的弱苗，适当控水，使根系向下伸展。越冬菠菜冬季少施或不施氮肥。土壤即将结冻，即土表昼化夜冻时，1 次灌足"冻水"，灌水后可盖一层细土，以防裂保墒。

②返青期的管理

春天土壤解冻后，菠菜心叶开始生长时结合施肥浇返青水，选择晴天小水快浇。返青后气温升高，叶部生长加快，高温高湿及较长日照利于抽薹，因此，要肥、水齐攻，加速营养生长。追肥以速效性氮肥为主。

(5)采收

采收宜在晴天进行。一般苗高 10 cm 以上，根据生长情况和市场需求即可开始分批采收，也可分次间拔采收。

2.春（夏、秋）菠菜栽培技术

菠菜可以四季露地栽培，生产上有秋播越冬菠菜、春菠菜、秋菜和夏菠菜。各季节栽培应选择适宜的优良品种。春菠菜播种时气温较低，前期应在畦面上覆盖塑料薄膜，以利于保温，促进早出苗。夏菠菜播后最好用秸秆等覆盖地面进行遮阴，出苗后即除去覆盖物。秋波菜应根据当地气候和地力适期播种，避免播种过早，植株生长过盛引起早衰；播种过晚，植株生长期短，经济效益差。菠菜生长期间应及时分次追施腐熟稀粪水，坚持小肥大水，轻浇勤浇，经常保持土壤湿润。

春（夏、秋）菠菜具体的栽培管理技术参照越冬菠菜栽培技术。

三、叶用莴苣（生菜）

叶用莴苣又名生菜、千金菜，是莴苣中能形成叶球或嫩叶供食的1~2 年生草本植物，因宜生食，故称作生菜。尖叶型叶用莴苣又名油麦菜、莜麦菜，营养价值高于生菜和莴笋。生菜食用叶片或叶球，味甘苦，性凉，富含钙、铁、蛋白质、脂肪、维生素 A、维生素 B_1、维生素 B$_2$ 等营养成分，具有降低胆固醇、治疗神经衰弱、清燥润肺、利五脏、通筋脉、清胃热等功效，对坏血病有特效，是低热量、高营养的蔬菜，是生食蔬菜中的上品。

(一)对环境条件的要求

生菜是半耐寒性蔬菜，喜冷凉气候，既不耐炎热又怕严寒。其中以结球生菜对环境条件要求最严，以下介绍结球生菜，其余类型可参考。

1.温度

种子发芽适温为 15~20 ℃，低于 15 ℃发芽整齐度较差。幼苗生长最适温度为 16~20 ℃，日平均温度 12 ℃可缓慢生长。外叶生长的适宜温度为 18~23 ℃，多数品种结球期适温为 17~18 ℃，20 ℃以下生长良好，20 ℃以上不易形成叶球，易引起腐烂。开花结实期适温为22~29 ℃。

2.光照

生菜属长日照作物，有些品种在光下易发芽。生长发育初期要有充足的光照，长期阴雨或遮阴会影响叶片和茎部生长发育。结球期需要中等强度的光照。

3.水分

生菜根系浅，吸水能力弱，叶面积大，蒸腾量大，不耐旱，要求土壤湿润。但水分过大，温度过高极易引起徒长。幼苗期要保持土壤湿润，过干过湿易使幼苗老化或徒长。发棵期适当控水使莲座发育充实，结球期需水较多。结球后期要适当控水，以免引起软腐病和菌核病。

4.土壤和养分

生菜喜微酸性土壤，适宜的土壤 pH 值为 6.0 左右。生菜根系吸收能力弱，在有机质丰富、保水保肥力强、通透性好的沙质壤土或壤土上栽培易获得高产。生菜对养分要求较高，需氮、磷、钾肥应配合施用。幼苗期缺氮和磷，叶片小，植株易矮小老化，缺钾影响叶片质量。

(二)类型和品种

叶用莴苣（生菜）以叶片为主要食用部分，根据叶片形状可分为结球莴苣、皱叶莴苣和直立莴苣。

1.结球莴苣

又称结球生菜，叶全缘，有锯齿或深裂，叶面平滑或皱缩，外叶开展，心叶抱合成球。主要品种有凯撒、奥林匹亚等。

2.皱叶莴苣

又称皱叶生菜，叶片深裂，叶面皱缩，不结球或莲座丛上部的叶片抱合成松散的小叶球，适应性强，易栽培。主要品种有美国打速生、碧翠、玻璃生菜等

3.直立莴苣

又称散叶生菜，叶片狭长，叶全缘或稍有锯齿，外叶直立，叶片厚，一般不结球或有松散的圆筒形或圆锥形球。主要品种有罗马直立生菜、罗生3号等。

(三)栽培季节与茬口安排

生菜既不耐炎热，又怕严寒，根据对温度的生长要求，西北地区多为春播夏收。露地一般4月上旬至8月下旬均可育苗种植。皱叶莴苣和直立莴苣生长发育期较短，一年可多茬种植。

(四)栽培技术

1.叶用莴苣（生菜）露地育苗移栽栽培技术

(1)品种选择

春播生菜选用抗病、抗逆性强、优质、高产的晚抽薹品种。

(2)培育壮苗

①育苗

可采用苗床、育苗盘或营养（土）育苗，也可购买商品苗。

②育苗时间及方式

2月下旬至8月中旬均可育苗。春季在保护设施下育苗，夏秋露

地育苗要配置防虫、遮阴、防雨等设施。

③苗期管理

苗期温度白天控制在 16~20 ℃，夜间不低于 10 ℃，适当放风，调节温湿度，防止徒长，定植前炼苗 7 天。高温季节，应采用遮阳网防暑降温、防雹防虫。发现病虫苗及时拔除，带出田外集中销毁。

(3)定植

①整地施肥

每亩施用腐熟优质有机肥 2500~3000 kg、过磷酸钙 50 kg、碳酸氢铵 50 kg、硫酸钾 30 kg，或优质复合肥 50 kg，深翻后整平。

②定植时间及方法

生菜苗 3~4 叶时可移栽定植。生菜多采用平畦定植。散叶生菜行、株距为 5~15 cm，结球生菜行、株距为 25~23 cm。

③定植后管理

生菜怕旱、不耐涝，在水分管理上应见干见湿，保持土壤疏松，灌水 1~2 次后及时中耕松土。结球生菜结球后期要适当控水。6~7 叶期、10 叶期及结球生菜开始包心时，根据生长情况结合灌水追施尿素 1~2 次，每次每亩施 10~15 kg。

(4)采收

散叶生菜的采收期比较灵活，采收规格无严格要求，可根据市场需要而定。结球生菜的采收要及时，根据不同的品种及不同的栽培季节，一般定植后 40~70 天，叶球形成，用手轻压有实感即可采收。

2.叶用莴苣（生菜）露地直播栽培技术

(1)播种期

生菜露地直播在 4 月上旬至 8 月下旬均可。

(2)整地施肥

每亩施用腐熟优质有机肥 2500~3000 kg、过磷酸钙 50 kg、碳酸氢铵 50 kg、硫酸钾 30 kg，或优质复合肥 50 kg。结合整地深耕施肥，使肥料与土壤充分混匀。

(3)播种方法

大田种植一般采用撒播或条播，条播行距散叶生菜为 15 cm，结球生菜为 25~30 cm。每亩用种量为 100~150 g。

(4)田间管理

幼苗 2 叶 1 心开始间苗，间苗 3~4 次后定苗，苗距散叶生菜为5~15 cm，结球生菜为 25~30 cm。生菜怕旱，不耐涝，在水分管理上应见干见湿，保持土壤疏松。灌水 1~2 次后及时中耕松土，结球生菜结球后期要适当控水。在 6~7 叶期、10 叶期、结球生菜开始包心期，根据生长情况结合灌水追施尿素 1~2 次，每次每亩施复合肥 10~15 kg。

四、茼蒿

茼蒿原产于我国，别名蓬蒿，由于它的花很像野菊，所以又名菊花菜，为菊科 1~2 年生草本植物。茼蒿的茎和叶均可食用，有蒿之清香，菊之甘香，鲜香脆嫩。茼蒿富含维生素 A、维生素 C、铁、钙及挥发性精油、胆碱等物质，具有清血、降压、润肺、清痰等功效。茼蒿适应性强，抗病性强，栽培方法简便，易于掌握，一般播后 40~50天即可收获。

(一)对环境条件的要求

1.温度

茼蒿喜冷凉气候，属半耐寒性蔬菜，怕炎热。种子在 10 ℃即正常发芽，生长适温为 17~20 ℃，30 ℃时生长不良，能忍受短期 0 ℃的低温。

2.光照

茼蒿对光照要求不严，能耐弱光，适合密植，为长日照作物。高温长日照可引起抽薹开花。

3.水分

茼蒿为浅根性蔬菜，生长速度快，单株叶面积小，要求有充足的营养和水分供应。土壤要经常保持湿润，土壤相对湿度要达到 70%~

80%，空气相对湿度为85%~95%，水分不足会导致品质下降。

4.土壤和养分

茼蒿对土壤要求不严格，但肥沃土壤有利于生长。茼蒿适于种植在微酸性的土壤上。由于茼蒿生长期短，以茎叶为商品，需要及时追施速效氮肥。

(二)类型和品种

茼蒿的品种依叶片大小分为大叶茼蒿和小叶茼蒿2类。大叶茼蒿又称板叶茼蒿或圆叶茼蒿，叶宽大，缺刻少而浅，叶厚，嫩枝短而粗，纤维少，品质好，产量高，但生长慢，成熟略迟，栽培比较普遍。代表品种有上海圆叶茼蒿等。小叶茼蒿又称花叶茼蒿或细叶茼蒿，叶狭小，缺刻多而深，叶薄，但香味浓，嫩枝细，生长快，品质较差，产量低，较耐寒，成熟稍早，栽培较少。代表品种有香菊号茼蒿等。

(三)栽培季节与茬口安排

茼蒿依栽培季节不同分春播栽培及秋播栽培。秋播茼蒿最理想的前作是豆类作物，早熟的茄果类蔬菜和瓜类蔬菜次之。春播宜以莴笋和芹菜为前作，而后种瓜类蔬菜和豆类蔬菜。茼蒿植株小，生长期短，春季可与其他蔬菜间、套作，如与甘蓝、花菜、马铃薯、冬瓜、茄子、辣椒、番茄等作物间套。一般先播茼蒿，后栽番茄等蔬菜。秋播栽培茼蒿一般不进行间、套作。

(四)栽培技术

1.品种选择

选用优质、高产、适应性广、抗逆性强、耐抽薹、商品性好的茼蒿优良品种。

2.整地、施肥、做畦

每亩施优质腐熟有机肥3000~4000 kg、磷酸二铵25~40 kg、硫酸钾15~20 kg，深翻与土壤混匀后做畦，畦宽1.5 m，整平畦面以备播种。

3.播种

茼蒿主要有撒播与条播 2 种播种方法。春季露地栽培可采用撒播，亦可用条播。

(1)条播

先开出 1.0~1.5 cm 深的浅沟，行距 8~10 cm，沟内撒入种子，覆土后浇水。播种量为每亩 1.5~2.0 kg。

(2)撒播

播种量应适度大些，播种量为每亩 1.5~2.0 kg。小叶品种适于密植，用种量大，每亩用 2~2.5 kg。

4.田间管理

(1)间苗除草

当幼苗长出 1~2 片真叶时，应及时间苗。撒播的留苗距离为 4 cm 见方，条播的株距保持 3~4 cm。结合间苗铲除田间杂草。育苗移栽的，当苗龄达到 30 天左右即可定植，密度以 10 cm×16 cm 为宜。

(2)水肥管理

直播栽培在间苗后幼苗第 2 片叶展开时可浇第 1 次水。育苗移栽在定植后的 2~3 天内应每天喷 1~2 次小水，以后每天早晨和晚上各浇 1 次小水，直至缓苗。茼蒿喜湿，生产中要以水促产。幼苗出土后要适当控制水分，防止猝倒病的发生。植株长到 10~12 cm 时控制或适量浇水，保持土壤湿润。植株长到 8~10 片叶时，结合浇水每亩追硫酸铵 15~20 kg。生长期在晴天上午浇水，小水勤灌。生长期一般不追肥，若植株生长过弱时，每亩追施尿素 5~10 kg。

5.采收

一般播后 40 天左右、苗高约 20 cm 时一次收割完备，也可疏间采收或分次割收。疏间采收一般当苗高 15 cm 时，选大株分期分批采收；分次割收一般当苗高 20 cm 时进行第一次割收，割收部位略高，保留 2~3 节，以继续萌发侧枝，侧枝长大后再割收一次，割收后 1~2 天后施肥灌水。

五、芫荽

芫荽又名香菜、胡荽、香荽等，属伞形科芫荽属，为1年生或2年生草本植物。芫荽形状近似芹菜，叶小且嫩，茎纤细，味郁香，是汤、饮中的佳肴。芫荽营养丰富，内含维生素C、胡萝卜素、维生素B_1、维生素B_2等，同时还含有丰富的钙、铁、磷、镁等矿物质及草酸钾等营养成分。香菜性温味甘，能健胃消食、发汗透疹、利尿通便、祛风解毒。

(一)对环境条件的要求

1.温度

芫荽属耐寒性蔬菜，要求较冷凉湿润的环境条件，在高温干旱条件下生长不良。种子发芽温度为20~25 ℃，适宜生长温度为17~20 ℃，超过20 ℃生长缓慢，30 ℃则停止生长，并易发生抽薹开花现象。幼苗在2~5 ℃低温下，经过10~20天，可完成春化阶段。芫荽能耐-1~2 ℃的低温，在较低温度下生长的植株颜色变紫。

2.光照

芫荽属于低温、长日照作物，12 h以上的日照能促进抽薹开花。在一般条件下幼苗在2~5 ℃低温下，经过10~20天，可完成春化阶段。其营养生长也需要一定的光照条件，光照条件好，植株生长健壮，香味浓。相反，光照差，阴雨天多，植株生长缓慢，影响质量和产量。

3.水分

芫荽喜湿润的土壤环境，以土壤最大持水量80%~90%最好。芫荽不耐干旱，耐涝，但土壤湿度过大或田间积水将影响根系生长。

4.土壤和养分

芫荽为浅根系蔬菜，吸收能力弱，所以对土壤水分和养分的要求较严格，最适宜在保水、保肥力强，有机质丰富的土壤生长，适宜的土壤上酸碱度为范围为pH6.0~7.6。芫荽生长需要较多的氮肥，在保证氮肥供应的情况下，应配合使用磷、钾肥。

(二)类型和品种

芫荽有大叶和小叶 2 个类型。大叶品种植株较高，叶片大，缺刻少而浅，产量较高；小叶品种植株较矮，叶片小，缺刻深，香味浓，耐寒，适应性强，但产量较低。一般栽培多选用大叶品种。生产中常用的大叶品种有北京香菜、天津香菜、山东大叶香菜、四季香芫荽、韩国大棵香菜、泰国大粒香菜等。小叶品种有京香菜、四季香菜等。

(三)栽培季节及茬口安排

香菜一年四季均可种植，一般春、夏、秋在露地栽培，冬季采用保护栽培。夏季栽培困难，要注意遮阳降温。秋播的生长期长，产量高。芫荽对茬口要求不严，应选择 2 年内未种过芹菜等伞形科蔬菜的、富含有机质的肥沃土壤种植。

(四)栽培技术

1.品种选择

春季栽培应选择耐低温、耐病、性状优良的品种。夏、秋季节栽培应选择适应性广、耐热性好、品质好、抗逆性强的大叶品种。

2.整地、施肥、做畦

选择有机质丰富，土壤肥沃，保水、保肥性强，透气性好，排灌方便的微酸性或中性壤土。深翻 20～25 cm，夏秋暴晒 15 天左右。播前每亩施腐熟农家肥 3000～5000 kg、磷酸二铵 20～40 kg、硫酸钾 10 kg，或复合肥 25～30 kg。耕翻后作畦，畦宽 1～1.2 m，畦长 5~8 m，夏、秋采用平畦栽培，春季采用高畦栽培。

3.播种

芫荽播种有条播和撒播之分，一般以撒播为宜。撒播每亩播种量为 3~4 kg，播后覆土 1.5 cm，然后轻镇压一遍，小水缓浇。

4.田间管理

(1)定苗

香菜因生长期短，宜早除草、早间苗。一般应在苗齐后 7 天左右间苗，除去过密苗、弱苗、病苗和杂草，2~3片真叶时定苗，苗距4~6 cm。

(2)水肥管理

芫荽苗期一般不追肥，定苗后结合浇水进行第一次追肥，以后根据植株长势再追肥1~2次。每次每亩施尿素5 kg，或腐熟农家肥，或有机复合肥，应薄肥勤施。尿素追肥总量每亩不超过15 kg。同时根据土壤润湿情况适时浇水，一般5~7天浇1次。整个生长发育期，保持田间湿润、土壤疏松。中后期控制浇水不要过量。为提高品质，保持叶片生长旺盛，收获前30天每亩喷0.3%的磷酸二氢钾加0.2%~0.5%的尿素混合液20~30 kg，隔15天后再喷洒一次。

5.采收

通常在播后40~60天，株高约20~40 cm，具有10~20片叶，单株质量为20~50 g时采收。采收前15天左右，可叶面喷施2×10^{-11}~2.5×10^{-11}赤霉素，使叶片伸长，分枝增多，提高产量。采收可选择性间拔，也可一次性收获。收获一般在早上进行，用刀在植株近地面处割收，除去老叶，捆把，及时销售。采收后隔天施肥浇水，促进生长。

六、叶菜类蔬菜主要病虫害防治技术

(一)主要病害防治技术

1.芹菜斑枯病

(1)症状

芹菜斑枯病有大斑病和小斑病2种。芹菜叶、叶柄、茎均可染病。在叶片上，2种类型病害早期症状相似。老叶先发病，病斑多散生，初为淡褐色油渍状小斑点，后逐渐扩大

图4-51　芹菜斑枯病

后，中心开始褐色坏死，外多为深红褐色且明显，中间散生少量小黑点。后期症状不相同，大斑型中央呈黄褐色或灰白色，病斑边缘明显，

外常具一圈黄色晕环，病斑直径不等，边聚生有很多黑色小粒点，多散生，在中央部分散生少量黑色小点（图4-51）。

(2)发病规律

大斑型斑枯病由芹菜小壳针孢菌侵染所致，小斑型由芹菜大壳针孢菌侵染所致，2种细菌均属半知菌亚门壳针孢属真菌。该病在冷凉和高湿条件下易发生，气温20~25℃、湿度大时发病重。此外，连阴雨或白天干燥、夜间有雾或露水及温度过高过低、植株抵抗力弱时发病重。

(3)防治措施

①农业防治

一是选用抗病品种或无病种子，对带病种子进行消毒；二是加强田间管理，施足底肥，看苗追肥，增强植株抗病力。

②化学防治

喷洒75%百菌清可湿性粉剂600倍液或64%杀毒矾可湿性粉剂500倍液或12%绿乳铜乳油500倍液，隔7~10天喷1次，连续防治2~3次。

2.芹菜叶斑病

(1)症状

芹菜叶斑病又称早疫病，主要危害叶片。病斑初呈黄绿色水渍状斑，后发展为灰褐色圆形或不规则形病斑，边缘色稍深不清晰，严重时病斑扩大汇合成斑块，终致叶片枯死。茎或叶柄上病斑椭圆形，灰褐色，稍凹陷，发病严重的全株倒伏。高温时，各病部均长出灰白色霉层（图4-52）。

图4-52 芹菜叶斑病

(2)发病规律

由芹菜尾孢真菌侵染所致。高温多雨、高温干旱、夜间结露重、持续时间长，易发病。尤其缺水缺肥、灌水过多或植株生长不良发病重。

(3)防治方法

①农业防治

一是选用耐病品种，从健康植株上采种，种子用48℃温水浸种30 min；二是实行2年以上轮作，合理密植，科学灌溉，防止田间湿度过大。

②化学防治

发病初期喷洒50%多菌灵可湿性粉剂800倍液。保护地条件下，用5%百菌灵粉尘剂1 kg/亩，隔7天左右1次，连续使用2~3次。

3.菠菜霜霉病

(1)症状

菠菜霜霉病主要危害叶片。被害叶面初现淡绿色小点，或扩大为淡黄色、边缘分界不明显的不规则大斑，病斑受叶脉限制呈多角形，叶背病斑上生灰白色至淡紫色绒状霉层，严重时病斑布满叶片，终致叶片枯黄，不能食用。

(2)发病规律

本病由鞭毛菌亚门霜霉属病菌侵染所致。病菌借助风、雨传播，从气孔侵入致病。较低的温度和较高的湿度有利于孢子囊萌发产生游动孢子。故冷凉、日夜温差大和多雨潮湿的天气最有利于病害的发生。地势低湿、排水不良的田块往往发病较重。

(3)防治方法

①农业防治

一是因地制宜选用抗病品种；二是发现萎缩病株及时拔除，以免成为中心病株扩大蔓延；三是适当增施磷、钾肥，避免偏施、过施氮肥；适时喷施叶面肥使植株早生快发，适当浇水，勿使田土过干或过湿。

②化学防治

发病初期喷施25%甲霜灵可湿性粉剂800~1000倍液或64%杀毒

矾可湿性粉剂 600~800 倍液或 58%甲霜灵、锰锌可湿性粉剂 1000~ 1500 倍液或 66.5%普力克水剂 800~1000 倍液或 72%克露可湿性粉剂 800~1000 倍液，每隔 7~10 天喷洒 1 次，共喷 2~3 次。

4.猝倒病

(1)症状

主要危害茼蒿、芫荽等绿叶菜的嫩茎。子叶展开后即见病症，幼苗茎基部呈浅褐色水渍状，后发生基腐，幼苗尚未凋萎已猝倒，不久全株枯萎死亡。刚开始苗床上仅见发病中心，低温、湿度大的条件下扩展迅速，出现一片片死苗。

(2)发病规律

以菌丝体或菌核在土中越冬，且可在土中腐生 2~3 年。菌丝能直接侵入寄主，通过水流、农具传播。病菌发育适温为 24 ℃，最高 40~ 42 ℃，最低 13~15 ℃，适宜 pH 值 3~9.5。播种过密、间苗不及时、温度过高易诱发该病。

(3)防治方法

①农业防治

苗期控制水分，剔除病苗。

②化学防治

一是播种前用 4%甲醛 100 倍液浇洒进行土壤消毒；二是用 75% 百菌清 600 倍液或 70%代森锰锌 500 倍液等防治，每隔 5~7 天喷 1 次，连喷 3~4 次。

5.茼蒿病毒病

(1)症状

苗期发病，出苗 15 天左右叶片出现淡绿色或黄白色不规则斑驳或褐色坏死斑点及花叶。成株染病症状与苗期相似，严重时叶片皱缩，叶缘下卷成筒状，植株矮化。采种株染病，新生叶出现花叶或浓淡相间的绿色斑驳，叶片皱缩变小，叶脉出现褐色坏死斑，病株生长衰弱，结实率下降。

(2)发病规律

毒源来自田间越冬的带毒植株或种子。播种带毒的种子，其幼苗即成病苗，如将病苗移植到田间，即可形成发病中心，在田间通过蚜虫或汁液接触传播，桃蚜传毒率最高，萝卜蚜、棉蚜、大戟长管蚜也可传毒。该病发生和流行与气温有关，均温 18 ℃以上，病害扩展迅速。水肥管理不当、生长纤弱有利于病害的发生。

(3)防治方法

①农业防治

注意适时适度灌水施肥，并通过喷施叶面营养剂等方法，改善田间生态条件，促植株早生快发，增强抗耐病能力，减轻发病。

②化学防治

一是灭蚜防病。掌握有翅蚜迁飞高峰和蚜虫点片发生阶段，及时喷药毒杀（用药参照蚜虫的防治方法）。有条件的采用银灰色薄膜避蚜和黄板诱蚜。二是用 1.5%植病灵乳剂 800~1000 倍液或 20%病毒 A 可湿性粉剂 500 倍液防治，每隔 7 天喷药 1 次，连喷 3 次。

6.芫荽立枯病

(1)症状

主要危害幼苗茎基部或地下根部，初为椭圆形或不规则暗褐色病斑，病苗早期白天萎焉，夜间恢复，病部逐渐凹陷、缢缩，有的渐变为黑褐色，当病斑扩大绕茎一周时，最后干枯死亡，但不倒伏。轻病株仅见褐色凹陷斑，不枯死。苗床湿度大时，病部可见不甚明显的淡褐色蛛丝状霉。

(2)发病规律

病菌以菌丝体或菌核在土壤中或病组织上越冬，腐生性较强，一般可在土壤中存活 2~3 年。通过雨水、流水、带菌的堆肥及农具等传播，病菌发育适温为 20~24 ℃。刚出土的幼苗及大苗均能受害，多发生在育苗的中后期。阴雨多湿、土壤过黏、重茬发病重；播种过密、间苗不及时、温度过高易诱发本病。

(3)防治措施

①农业防治

一是实行 2~3 年以上的轮作倒茬；二是适度密植，及时摘除下部老叶片，注意通风透光，低洼地应实行高畦栽培，雨后及时排水，收获后及时清园。

②化学防治

发病初期喷洒 50%敌菌灵可湿性粉剂 500 倍液或 20%甲基立枯磷乳油 1200 倍液或 36%甲基硫菌灵悬浮剂 600 倍液。此外，用 30%倍生乳油（200~375 mg/L）灌根也有一定防治效果。也可使用移栽灵混剂。

7.香菜灰霉病

(1)症状

病苗色浅，叶片、叶柄发病呈灰白色、水渍状，组织软化至腐烂，高湿时表面生有灰霉。幼茎多在叶柄基部初生不规则水浸斑，很快变软腐烂，缢缩或折倒，最后病苗腐烂枯死。

(2)发病规律

以菌核在土壤中或病残体上越冬越夏。病菌耐低温，7~20 ℃产生大量孢子。借气流、灌溉及农事操作从伤口、衰老器官侵入。密度过大、幼苗徒长，分苗移栽时伤根、伤叶，都会加重病情。

(3)防治措施

①农业防治

一是加强田间管理，防止密度过大和幼苗徒长；二是分苗移栽时，谨慎操作，以免伤根、伤叶。

②化学防治

一是发病初期，用植物源中草药杀菌剂奥力克-霉止 300 倍液喷洒，5天用药1次，连续用药2次，即能有效控制病情，使病害症状消失，一般7~10天不再表现为害症状，7天后外部侵染源及原残留病菌在条件具备时仍可能繁殖，形成再次病害，此时采用预防方案，即用奥力克-霉止500倍液喷施，5~7天用药1次，间隔天数及用药次数根据植株长势和预期病情而定。二是发病中后期，采用中西医结合的防治方法，用霉止50 mL + 40%嘧霉胺悬浮剂10~15 g或碧秀丹（氯溴异氰尿酸）30 g或丙环唑10 mL或40%腐霉利可湿性粉剂15~20 g或乙霉多菌灵20 g，对水15 kg，3~5天用药1次。

(二)主要虫害防治技术

1.蚜虫

(1)为害特点及发病规律

同白菜类蔬菜蚜虫的症状及发病规律。

(2)防治方法

①农业防治

一是收获后及时清理田园内的杂草和植株残体；二是保护瓢虫、黄蜂、草蛉等蚜虫天敌。

②化学防治

用40%乐果乳油或20%康福多乳油2000倍液或50%蚜虱灵乳油或阿维菌素2000倍液或10%高效氯氰菊酯乳油或20%速灭杀丁乳油3000倍液或10%吡虫啉可湿性粉剂1500倍液交替喷雾防治。每7天喷1次，连续喷2~3次。

2.菜青虫

(1)为害特点及发病规律

同白菜类蔬菜菜青虫的症状及发病规律。

(2)防治措施

①农业、物理防治

一是深翻、冬灌、春耙，消灭越冬害虫；二是人工扑杀幼虫，清洁田园，清除老叶、残株，减少虫源。

②化学防治

用 40%乐果乳油 800 倍液或速灭杀丁 1500 倍液及早喷雾防治。

3.白粉虱

(1)为害特点及发病规律

同茄果类蔬菜白粉虱的症状及发病规律。

(2)防治措施

①**农业、生物、物理防治**

一是培养或定植"无虫苗"；二是人工繁殖释放丽蚜小蜂，温室内白粉虱成虫在 0.5 头/株以下的每隔 2 周放 1 次，共放 3 次；三是黄板诱杀成虫，每亩放置 32~34 块，置于植株同等高度。

②**化学防治**

发病初期可用 25%扑虱灵可湿性粉剂 1000~1400 倍液喷雾，盛期可用 20%灭扫利乳油 1700~2000 倍液或 2.5%天王星乳油 1800 倍液防治，间隔 7~10 天喷施 1 次。

4.美洲斑潜蝇

(1)为害特点

美洲斑潜蝇是一种危害十分严重的检疫性害虫，分布广，传播快，防治难。成虫吸食汁液，造成近圆形刻点状凹陷。幼虫在叶片的上下表皮之间蛀食，造成弯弯曲曲的隧道，隧道相互交叉，逐渐连成一片，导致叶片光合能力锐减，过早脱落或枯死（图4-53）。

图 4-53 美洲斑潜蝇为害症状

(2)发病规律

发生期为 4—11 月，发生盛期有 2 个，即 5 月中旬至 6 月和 9 月至 10 月中旬。

(3)防治措施

①农业、物理防治

一是早春和秋季蔬菜种植前，彻底清除菜田内外的杂草、残株、败叶，并集中烧毁，减少虫源；二是种植前深翻菜地，活埋地面上的蛹；三是发生盛期，中耕松土灭蝇；四是在田间插立或在植株顶部悬挂黄色诱虫板，进行诱杀。

②化学防治

可用48%毒死蜱乳油1500~2000倍液或1.8%爱福丁乳油2000~3000倍液或5%卡死克乳油1500~2000倍液或20%康福多浓可溶剂400倍液等进行防治。

第八节　其他类蔬菜

一、茎用莴苣

莴苣为菊科莴苣属1~2年生草本植物。莴苣按食用器官可分为茎用莴苣（俗称莴笋、青笋）和叶用莴苣（俗称生菜）两大类。茎用莴苣以肥大的地上嫩茎嫩叶供食，质地细嫩、清香、脆嫩，可生食、凉拌、炒食、干制或腌渍等。茎用莴苣幼嫩茎翠绿，成熟后转变白绿色。茎用莴苣含大量的胡萝卜素；茎叶中含莴苣素，味苦，有镇痛的作用；莴笋中还含有大量的植物纤维素，可促进肠壁蠕动，治疗各种便秘。

(一)对环境条件的要求

1.温度

莴笋为半耐寒性蔬菜作物，喜冷凉的气候，忌高温，稍能耐霜冻。种子发芽最适温度为15~20 ℃，30 ℃以上不能发芽。幼苗可耐-5~-6 ℃低温，耐寒力随植株生长而降低，幼苗生长适温为12~20 ℃，30 ℃以上的高温生长缓慢。在嫩茎形成期要求较高的温度，白天适温

11~18 ℃，夜间 9~15 ℃。温度在 24 ℃以上时，会导致花芽提早分化，先期抽薹。

2.光照

莴笋为长日照作物，在短日照条件下会延迟开花。长日照伴随温度的升高会促进花芽分化，并且早熟品种反应敏感，中晚熟品种反应迟钝。

3.水分

莴笋为浅根性作物，吸收能力较弱，且叶面积大，生长迅速，耗水量大，要保持土壤湿润。栽培中幼苗期土壤应见干见湿；莲座期适当控制水分，进行蹲苗；茎部膨大期应供应充足的水分，促进茎部肥大；采收期水分不宜过大，以免茎开裂，降低商品价值。

4.土壤和养分

莴笋适宜在有机质含量高、疏松透气的壤土和黏质壤土上生长，适宜的土壤酸碱度为 pH 值 6~7。生长过程中缺氮会抑制叶的生长，产品器官形成时要注意氮、钾平衡。

(二)类型和品种

茎用莴笋根据茎叶的色泽分为白笋、青笋和紫皮笋；根据叶片形状分为尖叶和圆叶 2 个类型。

1.尖叶莴笋

叶片呈披针形，叶面多光滑，节间较稀，肉质茎下粗上细呈棒状，苗期耐热，较晚熟。较优良的品种有柳叶笋、紫莴笋、上海大尖叶等。

2.圆叶莴笋

叶片顶部稍圆，微皱，节间较密，肉质茎的中下部较粗，上下两端渐细，较耐寒而不耐热，较早熟。较优良的品种有北京鲫瓜笋、南京圆叶白皮等。

(三)栽培季节与茬口安排

莴笋茎叶生长期喜冷凉环境条件，北方多在春、秋两季栽培。一般露地 4 月上旬至 7 月中旬均可播种。茎用莴笋栽植以前茬未种过同类作物的地块最好。

(四)栽培技术

1.春季露地直播栽培技术

(1)品种选择

选用抗病、抗逆性能强，耐抽薹、叶簇大、节间密、茎粗壮、肉质爽脆、生长期短、商品形状好、产量高的莴笋品种，如紫龙、西宁莴笋等品种。

(2)播种时间

直播播种 4 月上旬至 7 月中旬均可。

(3)整地起垄

每亩施腐熟优质有机肥 2500~3000 kg、过磷酸钙 50 kg、碳酸氢铵 50 kg、硫酸钾 30 kg，或优质复合肥 50 kg。深翻 20 cm 以上，使肥料与土壤充分混匀后整平起垄。垄宽 60 cm，沟宽 40 cm，垄高 15~20 cm。

(4)播种方法

垄背双行穴播，穴距 25~30 cm。每亩用种 100~150 g。播后在垄面覆膜，地膜两边各压土 10 cm，膜上每隔 2 m 横打一土腰带。出苗后 2 叶 1 心时戳破地膜放苗，并间苗。

(5)田间管理

3~4 叶时定苗，定苗后应及时灌水，12 片叶时应保持地面见干见湿，发棵期要适当控水，茎肥大期加大灌水量。以后适当减少灌水。定苗后结合灌水及时追肥 1 次，每亩穴施优质复合肥 20~30 月 kg 于植株中间，4~16 片叶时喷施叶面肥 1~2 次。

(6)收获

春莴笋肉质茎生长的同时形成花蕾，主茎顶端的生长点与最高叶片尖端相平时，肉质茎已充分肥大，而且品质也最佳，此时应及时收获。收获过早，产量低；收获过迟，茎皮增厚，花茎伸长，纤维增多，肉质变硬或中空，品质下降。

2.春季露地育苗移栽栽培技术

（1）育苗

①育苗时间及方式

莴笋育苗在 2 月下旬至 8 月中旬均可。早春育苗应在保护设施下进行，夏、秋在露地育苗要有防虫、遮阴、防雨设施。

②苗期管理

幼苗 2 叶 1 心时分苗，或分次间苗，苗距 6~8 cm。定植前炼苗 7 天，发现病虫苗及时拔除，带出田外集中销毁。

（2）定植

①整地施肥

每亩施用腐熟优质有机肥 2500~3000 kg、过磷酸钙 50 kg、尿素 30 kg、硫酸钾 30 kg，或优质复合肥 50 kg。深翻整平后起垄，垄宽 60 cm，沟宽 40 cm，垄高 15~20 cm。

②定植时间及方法

莴笋苗移栽定植一般是幼苗 5~6 叶时最宜。尽量带土，少伤根，双行定植在垄背上，株距 25~30 cm。

③定植后管理

定植后应及时灌水，12 片叶前保持地面见干见湿，发棵期要适当控水，茎肥大期，应适当加大灌水量。以后灌水量应适当减少。定植成活后及时追肥一次，每亩穴施优质复合肥 20~30 kg 于植株中间，4~16 片叶时喷施叶面肥 1~2 次。定植后田间管理参照春季露地直播栽培技术。

二、芦笋

芦笋属百合科天门冬属多年生宿根植物，又叫"石刁柏""龙须菜"等，是世界十大名菜之一。芦笋以其抽生的嫩茎作为蔬菜食用，也可作为罐头食品，被称为"蔬菜之王"。芦笋营养价值很高，可以增进食欲，帮助消化，缓解疲劳、心脏病、高血压、肾炎、肝硬化等病症，并具有利尿、镇静等治疗作用，已成为保健蔬菜之一，目前国内外已有多种采用芦笋为主要原料的抗癌药品和保健品。

(一)对环境条件的要求

1.温度

芦笋对温度的适应性很强，既耐寒又耐热，最适宜在四季分明、气候宜人的温带栽培。在高寒地带，气温达-30 ℃以下，冻土层厚度1 m时，仍可安全越冬。

2.水分

芦笋耐旱不耐湿，土壤排水不良易发生茎枯病，但嫩茎采收期需充足水分，否则嫩茎少而细，易老化，品质下降。

3.光照

芦笋喜光，但对光照强度的要求不高，通常情况下，光照充足，植株生长健壮，病害少，品质好。

4.土壤和养分

芦笋对土壤要求严格，适宜生长在土质疏松、土层深厚、富含有机质的壤土和沙壤土。适宜的pH值在6~6.7之间。芦笋整个生长发育期需要大量有机肥料，采用冬肥足、春肥控、夏肥重、秋肥补的施肥原则。芦笋对养分吸收以钾为最多，其次是氮、磷。氮肥施用要适量，还要施用适量的钙、镁、锌、硼以及硅元素。

(二)类型与品种

芦笋按嫩茎颜色可分为绿色芦笋、白色芦笋、紫绿色芦笋、紫兰色芦笋、粉红色芦笋等几种。我国的栽培品种多引自欧、美等国家，生产上常用的品种有鲁芦笋一号、芦笋王子、玛丽·华盛顿、新泽西的绿色伟奇、法国的利玻赖西沃·鲁梅依罗等。各地应根据各品种的特征特性选择适宜的品种栽培。

（三）栽培季节与茬口安排

芦笋为多年生蔬菜，一经种植，可连续采收 10~15 年。在生产上多采用育苗移栽，春、秋两季均可播种。生产上一般采用春季设施育苗，初霜后移栽定植于露地，当年秋季可采收少量产品，第二年即可进入旺盛生长前期。芦笋前茬不宜为果园、番茄的地块，否则易发生紫纹羽病。

（四）栽培技术

1.育苗

（1）选用优良品种

芦笋系多年生宿根草本植物，适应性强，品种较多，一般可选用萌芽早、生长速度快、嫩茎粗细匀称、头部鳞片紧密不易散头、色泽浓绿、商品性好、产量高的绿、白笋兼用品种。

（2）整地施肥

选择土壤疏松、肥水条件好、透气性强的壤土或沙壤土，结合整地每亩施复合肥 1.5~2 kg，施腐熟有机肥，土肥比为 8:2。深耕 25 cm 后做畦。每亩芦笋需育苗地 20~30 m^2。

（3）播种

育苗种植在日光温室或拱棚内进行。播种前将畦面灌足水，待水渗下后，按株、行距 10 cm 划线，将催好芽的种子单粒点播在交叉点上，然后用筛子将土均匀地筛在畦面上，覆土厚 2~3 cm。为防止栽培伤根也可用营养钵播种育苗。

（4）播种后的管理

为了提高地温，保持湿度，播种后要立即覆盖塑料薄膜，夜晚最好加盖草帘；棚内温度超过 35 ℃时，及时放风；当苗长到 10 cm 时，于晴天上午 10 时后掀开薄膜拔草，苗床干旱时结合浇水，每 20 m^2 追施尿素 1~2.5 kg，将肥撒施均匀后，浇水。

2.移栽定植

(1)选地

芦笋是多年生宿根作物,种植后有连续 10 多年的经济寿命。必须选择耕作层 30 cm 以上,土质疏松,通气性好,排水良好,底土较松软,保水、保肥力好、pH6~6.7 的微酸性沙土或壤土栽植。避免选择耕作层浅、底土坚硬、透气性差的重黏土。强酸性或碱性的土壤、地下水位高的地块、石砾多的土地都不宜种植芦笋。

(2)整地与土壤改良

芦笋根系强大,定植前必须通过耕作和增施有机肥,创造疏松、透气性好、适宜土壤微生物活动的土壤生态环境。一般土地要深翻 30 cm 左右,要打破犁底层,以利于雨水渗漏,避免田间积水。结合深翻,每亩撒施腐熟堆肥 5000 kg、磷酸钙 80 kg 做基肥。

(3)起苗、选苗与分级

为防止起苗时伤到根系,提前浇水,挖苗应深,尽量将肉质根留长一些。起苗应避免风吹日晒,边起苗、边分级,选择嫩茎粗大、圆整、顶部鳞片包裹密、不易开散的健壮幼苗定植。切忌长距离运输或隔天定植。在不得已时,置于塑料纺织袋中保持湿度,最多只能存放 2~3 天。

(4)定植

①定植时期

北方宜早春定植。小苗最好带土定植,少伤根系,并应避开雨季,否则起苗受伤后的苗株,极易感染病害,造成缺株、断垄。

②定植密度

一般稀植的株丛发育快,单株逐年收获量的增长快,嫩茎粗,质量好,过密嫩茎的质量会受严重影响,也会导致病害蔓延。一般白芦笋栽培的行距为 180 cm,株距为 30 cm;绿笋为行距 130 cm、株距 25 cm。

③定植深度与定植方法

苗株深栽，成活率低，春季嫩茎发生迟；浅栽虽然容易成活，但嫩茎细，容易倒伏，易受干旱、霜冻等自然灾害的影响。一般栽植深度以 10~15 cm 为宜。栽植时，应将苗株按一定株距直线摆放在预先准备好的定植沟中，覆少部分土后将苗株向上提拉一下，以免根部留有空隙，然后再覆厚度为 3~6 cm 的松土，镇压，浇稳根水，再覆松土保墒，避免土表板结。

3.栽培管理

(1)定植后第一年管理

春季育苗、夏季定植的芦笋，定植后缓苗期间，及时浇水保持土壤见干见湿，一般 5~7 天浇 1 次水。结合中耕进行培土，促进根系发育。一般苗高 15 cm 左右时培土 4~5 cm，过半个月后再培土 4~5 cm。随着秧苗生长不断培土，使地下茎埋入地中约 16 cm。雨季到来前，适时填平定植沟，防止沟内积水沤根。填土时每亩追施草木灰 250~500 kg，或磷酸二铵 5 kg、氯化钾 5 kg。8 月中旬再每亩施草木灰 250 kg 或复合肥 7~10 kg。施肥时注意磷、钾肥复合，忌单施氮肥，以免植株徒长，降低抗病力。当芦笋地上部完全枯死后，可将枯茎割除，并清理地面上的枯枝落叶进行无害化处理。

(2)定植后第二年管理

春天应适时浇水，中耕除草保墒，保持土壤见干见湿。4 月地温回升到 10 ℃以上时，及时用敌敌畏、敌百虫、辛硫磷等农药拌成毒土、毒饵撒于田间防治地下害虫。夏季高温多雨，应及时锄草和排涝，并防治病害。其他管理同定植当年。

(3)采收期管理

①施肥

在早春芦笋萌发前在植株旁浅掘沟松土，每亩施入充分腐熟的人粪尿 500~700 kg，然后培土。嫩茎采收结束后，在畦沟中每亩施腐熟的有机肥 2000~2500 kg、人粪尿 1000 kg、过磷酸钙 30~50 kg、氯化钾 15~20 kg。然后把培在植株上的土扒下，盖在肥料上。夏季中耕松土后在植株附近施 2~3 次充分腐熟的稀薄的人粪尿和氯化钾，促使秋梢生长。芦笋植株生长需要较多的钙，应适当施用石灰，或采用叶面喷施钙肥的方法补钙。以后每年的施肥法相同，肥料的用量应适当增加。

②灌水

春季萌发前根据土壤湿度及时浇萌发水，采笋期间保持土壤见干见湿。采笋结束后，及时灌水，促进株丛茂盛，为翌年的嫩茎增产贮备营养。灌水不能多，雨季要及时排水，以防积水导致土壤缺氧，妨碍地下茎和根的生长，甚至引起烂根和倒伏。入冬封冻前，应及时浇封冻水，保证冬季根系不会干旱致死，并提高植株抗寒力。

③培土

培土的目的是使嫩茎避光，以获得鲜嫩、洁白、柔软、美观的嫩茎。在春季地温接近 10 ℃，预计芦笋将要出土的前 10~15 天进行培土。嫩茎采收结束，应立即把培的土垄耙掉，使畦面恢复到培土前的高度，保持地下茎在土表下约 16 cm 处。倘若地下茎上方的土层过厚，则会促使它向上发展，造成以后培土困难。

(五)采收

采笋宜在春、秋季每天早、晚进行，采收绿芦笋者于嫩茎高 23~26 cm 时低于土面 3~5 cm 割下，不可损伤地下茎和鳞芽。春季当地温稳定在 10 ℃以上时，培土 1~2 次，15~20 天后采笋。采笋持续时间不易长，当出笋数量减少并变细弱时，必须停止采收。采收期过分延长，植株营养生长时间被缩短，影响来年产量，且易导致病害的发生和植株的衰老。夏季高温期植株生长不良，应停止采收 40~50 天。一般第一年采收期以 20~30 天为宜，第二年为 30~40 天，以后可延长到 60 天左右。植株恢复生长时间在 90 天以上。

三、黄秋葵

黄秋葵别名羊角豆，锦葵科锦葵属，一年生草本植物，食用嫩荚果。黄秋葵原产非洲，目前世界各地均有分布。我国多地区均可栽培。

(一)对环境条件的要求

1.温度

黄秋葵为喜温性蔬菜，耐热较强，不耐霜冻。种子发芽最适温度为 30 ℃，12 ℃以下发芽缓慢。植株生长发育适宜温度为 25~30 ℃，低于 15 ℃，植株生长不良。

2.光照

黄秋葵为短日性蔬菜，喜欢强光，栽植不宜过密，以免影响生长。

3.水分

黄秋葵较耐旱，不耐涝。苗期需水少，生长发育盛期需水量大，遇高温干旱应适量灌水，否则影响开花结果。

4.土壤和营养

黄秋葵对土壤要求不严。但在排水良好、土质肥沃、土层深厚的土地上生长旺盛，容易高产。黄秋葵吸肥能力强，喜肥，需鳞钾肥多，施肥时注意三要素配合使用。

(二)类型和品种

1.类型

黄秋葵按果实外形可分为圆果种和棱角种；依果实长度又可分为长果种和短果种；依株形又分矮生种和高生种。黄秋葵栽培品种可分为高生种和矮生种二种类型。

(1)高生种

株高 2 m 左右，果实浓绿，产量较高，生长发育期长，品质好。

(2)矮生种

株高 1 m 左右，节间短，叶片小，缺刻少，着花节位低，早熟，分枝少，抗倒伏，易采收，宜密植。

2.品种

目前生产上优良品种多选用日本的新东京 5 号、五龙 1 号、日本黄秋葵等，台湾的五角种，如南洋、五福、永福、翠娇、清福等。常见的品种有：

(1)新东京 5 号

该品种株型直立，株高 1.5 m，茎木质化，侧枝多。下部叶片较宽大，上部叶片较细小。花从枝间长出，当主干生长至 4~5 节时开始开花，荚果长 20 cm，色深绿有光泽，嫩果质地柔软，纤维少，有清香味。一般每亩产 2000 kg，高产可达 3000 kg。

(2)五龙 1 号

株高 1 m 左右。果实呈五角形，深绿色，种子少，子粒少，品质优良。生长发育期为 160 天，采收期可持续 100 天。一般每亩产 1500~2000 kg。

(三)栽培季节和茬口安排

我国一般实行春夏生产。选择前茬没有栽培过果菜类蔬菜，土壤肥沃的地块。育苗移栽一般于 3 月上中旬在温室或拱棚播种，4 月下旬栽植。直播的 3 月下旬至 5 月中下旬均可。

(四)栽培技术

1.选地、整地、施基肥

栽培黄秋葵宜选择向阳、排灌方便、土层深厚、保水保肥能力强的壤土。忌连作，选前茬没有栽培过果菜类蔬菜的地块。于冬前前茬植物收获后，每亩用优质圈肥 4000~5000 kg、过磷酸钙 50 kg、硫酸钾 20 kg 混匀铺施地面，耕翻入土，耙细整平，做成连沟 170 cm 的高畦，准备翌春定植或播种。

2.育苗

育苗移栽，于 3 月上中旬在温室或拱棚播种。育苗床土可按 6 份肥沃园土、3 份腐熟有机肥、1 份细沙配制。播种前，用 30~35 ℃

温水浸种 24 h，取出用纱布包好放在 25～30 ℃条件下催芽，经 4～5 天可出芽。采用营养钵育苗，每钵 1 粒，播种后苗床温度保持 25～30 ℃，4～5 天即可出苗。出苗后注意苗期温度和肥水管理，适时炼苗。

3.定植或直播

当苗龄达 35～40 天，具 3～4 片真叶，当地晚霜结束即可定植。定植的行、株距为（35～40）cm×（30～35）cm（图 4-54），定植时浇足水。田间直播，根据各地气候条件，3 月中下旬至 5 月中下旬，晚霜过后为播种适期。直播时，在畦面上按 45～50 cm

图 4-54　黄秋葵定植的行株距

的行株距开沟，沟深 3 cm 左右，在沟里每隔 40 cm 播 3 粒种子。播后浇水，覆土 2 cm，盖地膜，7～9 天可出苗，出苗后及时间苗、补苗，2～3 片真叶时定苗，每穴留苗 1～2 株。

4.田间管理

(1)中耕除草和培土

定植或直播间苗后，应连续中耕 2 次，以提高地温，促进缓苗和幼苗生长。第一朵花开放前进行中耕，可促进根系发育，适当蹲苗。开花结果初期，植株生长加速，每次追肥灌水后也应中耕。封行前，结合追肥灌水应进行中耕培土，防止雨季倒伏。7—8 月进入雨季，杂草滋生快，及时拔除。

(2)肥水管理

黄秋葵结果时间长，需肥多，在施足基肥的基础上，生长期还需要多次追肥。定苗或定植缓苗后第一次追肥，每亩施腐熟人粪尿 750～1000 kg，加入等量水浇施。结果初期第二次追肥，每亩施腐熟人粪尿 1500～2000 kg。进入结果盛期时，重施追肥，每亩施复合肥 25～30 kg；以后每隔 15～20 天追肥 1 次，每次每亩施尿素 10 kg，同时配施 8~10 kg 磷、钾肥。生长中、后期，酌情多次少量追肥，防止植株早衰。黄秋葵较耐旱。苗期需水少，但应避免过分干旱；进入开花结果期植株生长迅速，一般 15~20 天应浇 1 次水，保持土壤湿润。雨季注意排水。

(3)整枝和摘叶

植株生长前期，应及时摘除侧枝，有利于主茎早结果和提高产量。生长前期营养生长过旺，可以采取扭叶的方法，将叶柄扭成弯曲状下垂，控制营养生长；生长中后期，对已采收嫩果以下的各节老叶及时摘除，既能改善通风透光条件，减少养分消耗，又可防止病虫害蔓延；采收种果者及时摘心，可促使种苗老熟，以利籽粒饱满，提高种子质量。

5.采收

播种至初收约 50 天，一般 6 月开始采收，供应期可达 4 个月以上。一般花谢后 7 天左右，嫩果长至 8~10 cm 为采收适期，采收过晚，嫩果老化，纤维多，品质变差。采收时间以早晨为好，如能冷藏，也可傍晚采收。采收时用剪刀剪断果梗，不能用手硬拉，防止伤害植株。

四、百合

百合为百合属百合科多年生宿根植物，是我国特产蔬菜，因其地下茎块由数十瓣鳞片相互抱合而成，有"百片合成"之意而得名。百合以鳞茎供食，也可供观赏。百合鳞茎含有丰富的淀粉、可溶性糖、蛋白质及维生素、矿物质等营养成分，具有补肺养阴、清心安神等药用功能，常作为滋补品。兰州百合瓣大、鳞片包含紧密、色泽洁白、肉质肥嫩、风味甘甜、营养丰富、品质最佳，有很高的食用、药疗和观赏价值，素有"兰州百合甲天下"之称。

(一)生物学特性

1.形态特征

(1)根、茎、叶

百合根为须根，根毛少，着生在鳞茎盘下的根较肥大，称为肉质根，肉质根多达几十条，大都分布在 45~50 cm 的土层中。春季从越冬的鳞茎盘抽生地上茎，不分枝，直立坚硬；地上茎基部入土部分，着生纤维状根，称为"罩根"，具有吸收和固定地上部功能；百合鳞茎着生在地上茎的基部，呈扁圆球或圆球形，由许多肉质鳞片螺旋状排列，层层包合在鳞茎盘上而成。叶为全缘叶，被针形或带状，互生，无柄。

(2)花、果实、种子

花为总状排列，钟形或喇叭形，单生于茎顶端，呈黄色、橘红色或绿色。蒴果，长椭圆形或近圆形，很少结籽。种子多数为卵性、扁平。

2.对环境条件的要求

(1)温度

百合喜温和气候，忌酷暑，早春 15 cm 土层地温 5 ℃时，平均气温 10 ℃时，幼芽萌动，12 ℃时，幼苗开始出土，14 ℃以上，大量出土。地上茎在 16~24 ℃时生长最快，地上茎不耐霜冻，早霜来临茎叶枯死。地下茎耐寒性较强，在地下耕层温度达到-8 ℃的冻土层中，也能安全越冬。

(2)光照

百合属长日照蔬菜，在较长的日照条件下才能形成鳞茎。生长发育喜欢中强光，弱光条件下生长缓慢。

(3)水分

百合较耐旱，不耐涝，在生长期土壤湿度不宜过大，如土壤积水，常会引起植株死亡。百合对空气湿度适应性较强，湿润或干燥气候，均能生长良好。

(4)土壤和营养

百合为耐碱性作物。在 pH 值 7.8~8.2 的微碱性土壤中生长良好。百合需肥较多。其根系粗壮发达，有肉质根和纤维根，能吸收大量水分和养分。在北方，种植百合的山区土壤一般有机质含量较少，而且缺氮少磷，增施肥料是百合丰产的一项重要措施。百合除施氮肥外，宜适当施用磷、钾肥料。磷肥可促使鳞茎肥大、品质良好，钾肥可使茎秆强壮，增强抗病虫能力。

（二）类型与品种

食用百合是野生百合经过多年的驯化、筛选和种植的可食用品种。食用百合品种主要有宜兴百合、兰州百合、川百合等。兰州百合以其鳞茎硕大、包合紧密、色泽洁白如玉、肉质肥厚、甘甜香醇、味美可口成为食用百合中的上品。

（三）栽培季节与茬口安排

百合一般有秋栽和春栽两种栽培方式。秋栽一般在10月下旬至11月上旬土壤结冻前进行。秋栽百合当年不发芽，种球在土壤内越冬直至翌年早春发芽。春栽百合在3月中旬土壤解冻、种球发芽前进行。如果春季栽植过迟，种球开始发芽，芽苗过长，栽植时容易损伤芽苗。百合应注意轮作倒茬，前茬作物以豆茬地最佳。轮作年限为4~5年。一般推荐百合→豆类→麦类→麦类（或洋芋）→豆类→百合，或百合→豆类→谷类（或洋芋）→豆类或麦类→百合的轮作倒茬方式。

（四）栽培技术

1.种球的选择

（1）种球分级标准

实际生产中，一般将种球分为三级。一级种球质量为20~30 g，横径4 cm左右。二级种球质量为12~20 g，横径在3~4 cm。三级种球质量在12 g以下，横径3 cm以下。一般来说，使用一级种球和二级种球进行大田种植，三年后即可达到成品百合标准。三级种球首先要在种子田（俗称母籽田）内培育2~3年，达到一级或二级种球标准后，再用于大田栽培。

（2）种球选择

选择使用优质种球（又称母籽）是百合高产、稳产的前提。一般来讲，用大种球栽植，长成的鳞茎就大，反之则小。适宜的优质种球一般质量都在 20~30 g 之间。种球过大，容易引起分瓣，影响品质，而且投资费用高，一般不提倡使用大种球。种球过小，生长 3 年后，成品百合个头小，影响产量。各地可根据土地肥沃程度等自然因素考虑使用适合当地实际的种球。

2.整地施肥

前茬作物收获后要及时深耕晒垡，入秋后，进行打糖施肥收墒。大田经深翻后，每亩施腐熟的有机肥 5000 kg（最好用羊粪、鸡粪，其次用牛粪、马粪、人粪尿等厩肥）、草木灰 50 kg，加施过磷酸钙 20 kg、磷酸二铵 10 kg。农家肥要经过发酵腐熟，否则会伤苗，还会增加地下害虫。

3.种植密植

百合植株较小，叶片细而窄，适当增加种植密度可以达到增产效果。平畦栽培时，一级种球株距 40 cm，行距 17~20 cm，每亩留苗 8000~10000 株。二级种球株距 35 cm，行距 15~16 cm，每亩留苗约 12000 株。起垄栽培时，垄高 20~30 cm，垄宽 60 cm，每垄栽植 2 行。每亩苗数与平畦田相同。生产上一定要控制栽培密度，以每亩不超过 12000 株为宜。

4.种植方法

(1)平畦栽植

在平畦或山坡地上栽种百合，按行距用锄或犁开沟，然后施入种肥，如有地下害虫，可施入乐斯本或辛硫磷毒饵、毒土或颗粒剂等进行杀虫处理。一般每亩施腐熟、过筛的鸡粪或羊粪或油渣 100~200 kg，磷酸二铵 10 kg。有机肥中，以炕土效果较好，施入以后，地下害虫发生较轻。栽植深度，一级种球 14~16 cm，二级种球 12~14 cm。栽植时要将种球扶正，顶芽垂直向上，将根部与土壤压实，然后覆土，最后将地面耙糖整平。

(2)起垄栽植

按照垄顶宽的距离在地上打桩拉线，在线内施基肥和杀虫农药（乐斯本或辛硫磷毒饵、毒土或颗粒剂），用锄将土壤刨松，使土肥混合，按行、株距栽种百合，深度 3~4 cm 为宜。然后在线外两边各约 10 cm 处挖土开沟，沟底 30 cm，将挖出的土盖在种植行上，覆土深约 10 cm，形成垄脊。

(五)田间管理

1.中耕除草

苗齐后进行第一次中耕，深度约 15~20 cm；第二年花谢后浅耕 1 次；第三年花谢后再浅耕 1 次。中耕一般选择在雨后结合除草进行。中耕时用锄头在百合行间离百合苗 4~5 cm 处刨锄。一边将土刨松，一边将土坷垃打碎，疏松土层的同时将土面耙平。中耕可提高土壤温度，促进有机质的分解，还能消灭杂草，充分接纳雨水，起到保墒作用。

2.追肥

第一年，结合中耕刨土进行追肥。一般每亩施用尿素 15 kg 或百合专用肥 10~15 kg。将肥料撒施于百合行间，然后结合中耕施入土壤中，也可以开沟条施。第二、三年春季土壤解冻时，每亩行间撒施腐熟的有机肥 2000~3000 kg。结合中耕追施尿素 15 kg 或磷酸二铵 5~10 kg。每年 6—8 月份，每亩喷施浓度为 0.2% 的锌肥 1 kg、百合专用肥 20 kg，肥料应少量多次施入。

3.摘除花蕾

百合在花茎生长到 2~3 cm 左右时，及时摘除花蕾。摘除的花蕾或百合尖，晾晒后可以食用。一般 1 年生的小百合花蕾大小约 1 cm，2 年生的大百合约 2~3 cm 时摘除。摘蕾过早，会损伤茎叶，影响营养生长；摘蕾过迟，花茎过长，消耗养分，而且茎秆组织老化，摘除困难。

（六）适时采收

百合种植 3~5 年后即可收获，采收后应及时清理田间残存的茎秆和杂草茎叶。百合 1 年有 2 个采收季节，第一次在 3 月下旬，第二次在 10 月底到 11 月中旬（立冬前后）。一般以人工方式采收。采收时，要擦净百合上的泥土，将肉质须根剪短至 1 cm，按照大小分级出售或贮藏。

五、病虫害防治

（一）主要病害及防治技术

1.芦笋茎枯病

（1）症状

在距地面 30 cm 处的主茎上，出现浸润性褐色小斑，而后变成淡青至灰褐色，同时扩大成棱形，也可多数病斑相连成条状。病斑边缘红褐色，中间稍凹陷呈灰褐色，上面密生针尖状黑色小点（图 4-55）。如空气干旱，病斑边缘清晰，不再扩大成为慢性型病斑；若天气阴雨

图 4-55　芦笋茎枯病

多湿，病斑可迅速扩大蔓延，致使上部的枝茎枯死。在小枝梗和拟叶上发病，则先呈褪色小斑点，而后边缘变成紫红色中间灰白色并着生小黑点。由于迅速扩大包围小枝易折断或倒伏，茎内部灰白色、粗糙，以致枯死。

（2）发病条件

该病由真菌致病。在多雨有风的条件下传染迅速，雨水溅沾也可传染。空气传染是大面积发病的主要原因，田间蔓延的方向和发病迅速常受风的影响。此外，地势低洼、土质黏重、氮肥过多等均易加重该病发作。

(3)防治方法

①农业防治

一是选择地势高燥、排水良好的地段栽培；二是清洁田园，割除病茎，浇毁或深埋；三是田间覆盖地膜，控制氮肥，防止生长过旺。

②化学防治

发病初期用70%甲基托布津800~1000倍液或1:1:240波尔多液或50%代森铵的1000倍液喷雾防治，每7~10天1次，连喷2~3次。

2.芦笋褐斑病

(1)症状

芦笋褐斑病是芦笋的主要病害，病菌主要在病残体和病株上越冬，主要危害芦笋的茎秆、侧枝及拟叶柄。茎秆发病初在病部出现褐色小点，后逐渐扩大为卵圆形斑，病斑中央灰白色，边缘紫红色，潮湿条件下病斑中央产生一层稀疏的淡灰色霉层（图4-

图4-56　芦笋褐斑病

56）。病斑绕茎合围，则上方枝茎干枯。病害严重时常引起植株提早枯黄死亡。叶柄和侧枝上病斑较小，红褐色。天气潮湿时，可生出白霉，以致拟叶早期脱落，植株长势急速衰降。

(2)发病条件

该病由真菌引起，靠空气传播，在高温条件下发病严重。

(3)防治方法

防治方法同芦笋茎枯病。

3.根腐病

(1)症状

发病后茎基部的皮层腐烂，吸收根也受到破坏而导致主茎变黄，植株衰变。

(2)发病条件

该病由真菌引起,是由多种病原菌致病的病害。主要由土壤传染。

(3)防治方法

幼苗定植时用苯菌灵或苯菌丹按有效成分的 400~500 倍液,浸根 15 min 防治。

4.锈病

(1)症状

危害茎部及拟叶。夏季为橙色锈斑,表皮破裂后散出橙色粉末。秋季为暗褐色病斑。拟叶会因此而早期脱落,严重时整株变色枯死。

(2)发病条件

该病由真菌引起。空气潮湿、通风不良易发生该病。

(3)防治方法

①农业防治

一是采用抗病品种,如玛丽华盛顿等;二是清洁田园,做好通风、排水工作。

②化学防治

发病初期可用 75%百菌清的 800 倍液或 50%灭菌丹 800 倍液喷雾防治。

5.莴笋灰霉病

(1)症状

苗期染病,受害茎、叶呈水浸状腐烂。成株染病,始于近地表的叶片,初呈水浸状,后迅速扩大,茎基腐烂,疱面上生出灰褐或灰绿色霉层,即分身孢子梗和分生孢子(图4-57)。天气干燥,病株逐渐干枯死亡,

图 4-57 莴笋灰霉病

霉层由白变灰变绿;湿度大时从基部向上溃烂,叶柄呈深褐色;留种

株花器或花柄受害后呈水浸状腐烂。

(2)发病条件

以菌核或分生孢子随病残体在土壤中越冬，翌年菌核萌发产出菌丝体，其上着生分生孢子，借气流传播蔓延。遇有适温及叶面有水滴条件，孢子萌发产生出芽管，从伤口或衰退的组织上侵入，病部产出大量分生孢子进行再侵染，后逐渐形成菌核越冬。该病发生与寄主生长发育状况有关，寄主衰弱或受低温侵袭，相对湿度高于94%及适温易发病。

(3)防治方法

①农业防治

一是收获后，及时处理病残体，集中烧毁或深埋；二是及时深翻，减少菌源；三是加强管理，增强抗病力。

②化学防治

用50%多菌灵可湿性粉剂800~1000倍液或70%甲基托布津可湿性粉剂600~800倍液或50%腐霉利可湿性粉剂1000~2000倍液或25%啶菌噁唑乳油700~800倍液等，在发病初期开始喷药，用药间隔期7~10天，连续喷雾防治2~3次。

6.菌核病

(1)症状

该病主要发生于结球莴苣的茎基部或茎用莴笋的基部。染病部位多呈褐色水渍状腐烂，湿度大时，病部表面密生棉絮状白色菌丝体后形成菌核。菌核初为白色，后逐渐变成鼠粪样黑色颗粒状物（图4-58）。染病株叶片凋萎终致全株枯死。

图4-58　菌核病

(2)发病条件

病原称核盘菌，属真菌界子囊菌门，主要以菌核随病残体遗留在土壤中越冬，潮湿土壤中存活 1 年左右，干燥土壤中存活 3 年以上，水中经 1 个月即腐烂死亡。菌核萌发后，产生子囊盘，进而形成子囊和子囊孢子。子囊孢子成熟后，借气流传播蔓延。初侵染时，子囊孢子萌发产生芽管，从衰老的或局部坏死的组织侵入。当该菌获得更强的侵染能力后，直接侵害健康茎叶。在田间，病健叶接触菌丝即传病。温度 20 ℃，相对湿度高于 85% 发病重。湿度低于 70% 病害明显减轻。此外，密度过大、通风透光条件差或排水不良的低洼地块或偏施氮肥、连作地发病重。

(3)防治方法

①农业防治

一是选用抗病品种，如红叶莴笋、挂丝红、红皮圆叶等带红色的较抗病品种；二是培育适龄壮苗，苗龄 6~8 片真叶为宜。

②化学防治

用 40% 菌核净可湿性粉剂 1000 倍液或 25% 多菌灵可湿性粉剂 500 倍液等进行喷雾防治。

7.百合叶枯病

(1)症状

百合叶枯病又称百合灰霉病，发病植株叶片上呈现圆形或椭圆形红褐色病斑，斑块中央为浅灰色。条件适宜时，病斑发展为红褐色水浸状大斑，致使叶片扭曲或皱缩。

(2)发病原因

病原为椭圆葡萄孢的一种真菌，分生孢子椭圆形。病菌以菌丝或菌核在落下的病组织残体上越冬，翌年产生分生孢子侵染为害，可多次重复侵染。多雨年份发生普遍，严重时导致产量下降，品质变劣；植株过密时发病重；偏施氮肥发病重。

(3)防治措施

①农业防治

一是选择高燥、排水良好、坡度不小于 5°、海拔在 1800~2200 m 的地块栽植；二是实行 3~4 年以上的轮作；三是加强田间管理，生长期严格控制水分，一般不灌水，降雨后及时排水，及时中耕散墒，发现病株立即拔除，清理烧毁。

②化学防治

用 50%多菌灵或 70%多菌灵或 70%甲基硫菌可湿性粉剂 500 倍液，也可选用 50%速克灵或 50%扑海因及 50%农利灵可湿性粉剂 1000~1500 倍液加 80%多菌灵性粉剂 600 倍液效果好，每次每亩喷洒药液 40~50 kg。重点喷洒新生叶片及周围土壤表面，连续喷 2 次。

8.百合枯萎病

(1)症状

百合枯萎病又称茎腐病，是百合生产上的重要病害。染病植株初期表现生长缓慢，下部叶片发黄失去光泽，最后全株叶片萎蔫下垂，变褐后枯死。

(2)发病规律

百合枯萎病在开花后遇有气温高、降雨多易发病。

(3)防治方法

①农业防治

一是选择排水良好的地块；二是合理轮作倒茬。

②化学防治

多雨季节和灌溉前后，及时喷施 70%甲基托布津可湿性粉剂 600~800 倍液，每隔 7~10 天喷 1 次，连续 213 次。或抗枯宁 20%水剂 400~600 倍，每珠灌根 250 mL，或 25.9%水剂 500 倍喷雾，每隔 7~10 天喷 1 次，连续 2~3 次。

(二)主要虫害

1.蚜虫

(1)为害特点及发病规律

同白菜类蔬菜蚜虫的症状及发病规律。

(2)防治方法

①农业防治

一是收获后及时清理田园内的杂草和植株残体;二是保护瓢虫、黄蜂、草蛉等蚜虫天敌。

②化学防治

用3%啶虫脒乳油1500~2000倍液或10%吡虫啉1500倍液喷雾防治。以上2种药剂交替使用,每隔7~10天喷1次,连喷2~3次。

2.菜青虫

(1)为害特点及发病规律

同白菜类蔬菜菜青虫的症状及发病规律。

(2)防治措施

①农业、生物防治

一是及时清除残枝老叶,并深翻土壤,压低虫口密度、减少下代虫源;二是尽可能避免与十字花科蔬菜连茬;三是选用早熟品种,加上地膜覆盖,提早定植,提早收获,避开第二代幼虫的为害;三是喷洒苏云金杆菌,如国产的菜青虫6号液剂或Bt乳剂500~1000倍液,或用菜青虫颗粒体病毒剂,如用济南-79毒株5000倍液的病毒液喷雾防治。

②化学防治

一是用20%灭幼脲1号或25%灭幼脲3号胶悬剂500~1000倍液喷雾防治;二是幼虫2龄前用苏云金杆菌(Bt乳剂)500~1000倍液,或0.5%蔬果净700~800倍液,或25%灭幼脲3号悬浮剂1000倍液,或2.5%功夫乳油2000倍液喷雾防治。应注意交替用药。每10~15天喷1次,连喷2~3次。

3.蛴螬

(1)为害特点

1. 幼虫　　　　　　　　　　　　　　2. 成虫

图 4-59　蛴螬

蛴螬（图 4-59）中数量最多、个体最大、生长期最长、食量最甚、为害最烈的是小云斑鳃金龟的幼虫。它们啃食百合鳞片和须根，轻者造成鳞茎破损，影响地上茎的生长，重着咬断鳞茎盘，造成鳞茎"散瓣"，甚至植株死亡。

(2)防治方法

①农业防治

前作选用夏田茬，前作收获后及时进行伏耕、秋耕，将犁地翻出来的幼虫及时收拾，集中带出田间杀灭。

②化学防治

一是结合耕地每亩用 3%甲基异硫磷颗粒剂 2 kg 或 20%甲基异硫磷乳剂 0.4~0.5 kg 或 50%辛硫磷乳剂 0.4~0.5 kg，与 50 kg 过筛的细土或厩肥拌匀，制成毒土或毒饵撒入犁沟内，随机打糖；二是春播百合时，将上述三种农药任何一种用量减半对 40 kg 过筛细土或厩肥制成毒土或毒饵，撒入栽植沟内，然后栽植百合；三是百合生长第二、三年时，结合中耕将上述农药行间开沟施药 1~2 次；四是在水源充足的地方，用 20%甲基异硫磷乳剂或 50%辛硫磷乳剂 1500~2000 倍液，与生长期间灌于百合植株根旁。

第五章 蔬菜标准化与产品认证

第一节 蔬菜标准化

一、蔬菜标准化的概念

蔬菜标准化是指运用"统一、简化、协调、选优"的原则，对蔬菜生产的产前、产中、产后全过程，通过制定标准与实施标准，使先进农业技术比较快地得到推广应用，从而保障蔬菜产品的质量安全，提高农业效益。标准化是一个系统工程，包括蔬菜标准体系、农业监测体系和蔬菜产品评价体系三大部分，三者缺一不可。

二、蔬菜标准及等级

我国蔬菜标准分为国家标准、地方标准、行业标准等。等级包括无公害农产品标准、绿色食品标准、有机食品标准等。生产者根据相应标准对产地环境进行检查，因地制宜采用不同的措施，严格按照相应的标准进行生产操作、病虫草害防控、产品贮藏和加工。产品经专门机构评价认证，获得相应标准的农产品标志：按照无公害农产品标准生产的蔬菜就是无公害蔬菜；按照绿色食品标准生产的蔬菜就是绿色蔬菜。

第二节 农产品质量安全认证

一、农产品质量认证的概念

认证是由认证机构证明产品、服务、管理体系符合相关技术规范、相关技术规范的强制性要求或者标准的合格评定活动。简单点说，就是符合一定要求获得某种身份的评定活动。认证的种类包括产品认证、服务认证和管理体制认证。认证的主体是认证机构，也就是经国家认证认可监督管理部门批准，并依法取得法人资格，从事批准范围内的合格评定活动的单位（如农业部农产品质量安全中心等）。

二、我国农产品质量认证的发展历程

我国农产品质量认证始于 20 世纪 90 年代初农业部实施的绿色食品认证。20 世纪 90 年代，国内一些机构引入国外有机食品标准，实施了有机食品认证。2001 年，在中央提出高产、优质、高效、生态、安全农业的背景下，农业部提出了无公害农产品的概念，并组织实施了"无公害行动计划"，各地自行制定标准开展了当地的无公害农产品认证。在此基础上实现了统一标准、统一标志、统一管理、统一监督的全国统一的无公害农产品认证。2007 年，农业部为了保护具有地域特色的农产品资源，颁布实施了《农产品地理标志管理办法》，在全国范围内登记保护地理标志产品。农业部也逐步形成了无公害食品、绿色食品、有机食品和地理标志"三品一标"的农产品安全生产相关标准。

三、蔬菜安全生产相关标准

蔬菜生产者根据无公害食品、绿色食品、有机食品和地理标志"三品一标"的农产品安全生产相关标准，对产地环境进行检测，因地制宜采用不同栽培方式，严格按照相应的标准进行生产、病虫草害防控、产品贮藏加工，产品最后经专门机构评价认证获得相应的食品标志产品。按照无公害农产品标准生产的蔬菜就是无公害蔬菜；按照绿色食品标准生产的蔬菜就是绿色蔬菜；按照有机食品标准生产的蔬菜就是有机蔬菜。不符合无公害蔬菜、绿色蔬菜和有机蔬菜质量安全标准要求，或者未经认证的农产品，不得擅自使用有关农产品质量安全标志。

第三节 无公害蔬菜与无公害农产品认证

一、无公害蔬菜的概念

无公害蔬菜是指产地环境、生产过程和产品质量符合国家有关标准和规范的要求，经认证合格获得认证证书并允许使用无公害产品标志的蔬菜产品。无公害是蔬菜的一种基本要求，普通蔬菜都应达到这一要求。

图 5-1 无公害农产品标志

二、无公害蔬菜的标志

无公害蔬菜属于无公害农产品，"无公害农产品"标志图案主要由麦穗、对勾和"无公害农产品"字样组成，麦穗代表农产品，对勾表示合格，金色寓意成熟和丰收，绿色象征环保和安全（图 5-1）。

三、无公害蔬菜认证

无公害蔬菜认证办理机构为农业部农产品质量安全中心，该中心负责组织实施无公害农产品认证工作，经认证可在其包装上张贴无公害蔬菜标志。证书使用者必须严格履行《无公害农产品标志使用协议书》，并接受环境和质量检测部门的定期抽检。《无公害农产品认证证书》有效期为 3 年，期满后需要继续使用，证书持有人应当在有效期满前 90 天按照程序重新办理。

四、无公害农产品生产质量标准

无公害农产品推行"标准化生产、投入品监管、关键点控制、安全性保障"的技术制定，从产地环境、生产过程和产品质量三个重点环节控制危害因素含量，保障农产品的质量安全。具体要求：一是符合无公害农产品产地环境的标准要求；二是生产过程符合无公害农产品生产技术的标准要求；三是有相应的专业技术和管理人员；四是有完善的质量控制措施，并有完整的生产销售记录档案，从事无公害农产品生产，应当严格按规定使用农业投入品，禁止使用国家禁用、淘汰的农业投入品；五是生产无公害农产品允许按照规定，合理使用农业投入品，严格执行农业投入品使用安全间隔期或者休药的规定，禁止使用国家禁用、淘汰农业投入品。生产基地有一定的生产规模，区域范围明确，树立标示牌，标明范围。

第四节　绿色蔬菜与绿色食品认证

一、绿色蔬菜概念

绿色蔬菜是指产自优良生态环境、按照绿色食品标准生产、实行全程质量控制，并经专门机构认定，允许使用绿色食品标志的安全、优质的蔬菜产品。

二、绿色蔬菜的标志

绿色蔬菜属于绿色食品，绿色食品使用统一的标志。绿色食品标志图形由上方的太阳、下方的叶片和中心的蓓蕾三部分构成，象征自然生态；颜色为绿色，象征着生命，农业、环保；图形为正圆形，意为保护、安全（图5-2）。整

图 5-2　绿色食品标志

个图形描绘了一幅阳光照耀下蓬勃生机的景象，展示出了良好的生态环境和生产的安全优质食品。绿色食品标志还提醒人们要保护生态环境、保障食品安全，构建人与自然和谐的关系。

三、绿色蔬菜认证

发展绿色食品是农业部的一项重要职能，中国绿色食品发展中心按照农业部的要求负责具体工作。绿色食品认证推行"两端监测、过程控制、质量认证、标志管理"的技术制度。认定的对象既有蔬菜生

产企业，也有蔬菜加工企业。在整个认定过程中，不单独对生产基地进行认定，而是通过地方政府不断创建大型绿色食品原料生产基地，实现规模的迅速扩大。绿色蔬菜认定证书有效期为3年，在有效期满前90天，获证单位要提出续展认定申请，符合续展认定要求的，经省级工作机构现场检查确认后，报中国绿色食品发展中心重新核发产品证书。具体认定按中国绿色食品发展中心规定的认定程序办理。

四、绿色蔬菜生产质量标准

绿色蔬菜生产过程的控制是绿色蔬菜质量控制的关键环节。绿色蔬菜生产技术标准是绿色蔬菜标准体系的核心，它包括绿色蔬菜生产资料使用准则和绿色蔬菜生产技术操作规程。具体讲：一是产品或产品原料的产地必须符合绿色食品的生态环境标准；二是蔬菜种植技术必须符合绿色食品的生产操作规程；三是投入品必须符合绿色蔬菜生产资料使用准则；四是产品必须符合绿色食品的质量和卫生标准；五是经认定获准使用绿色食品标准的产品，标签必须符合中国农业部制定的《绿色食品标志设计标准手册》中的有关规定。

第五节　有机蔬菜与有机产品认证

一、有机产品的概念

有机产品指来自有机农业生产体系，根据有机农业生产要求和相应的标准生产加工，并且通过合法的有机食品认证机构认证的农副产品及其加工品。

二、有机产品的标志

有机食品使用统一的有机产品标志。标志外围的圆形形似地球，象征和谐、安全，圆形中的"中国有机产品"字样为中英文结合方式，既表示中国有机产品与世界同行，也有利于国内外消费者识别。标志中间类似种子的图形代表生命萌发之际的勃勃生机，象征了有机产

品是从种子开始的全过程认证，
同时昭示出有机产品就如同刚刚
萌生的种子，正在中国大地上茁
壮成长。种子图形周围圆润自如
的线条象征环形的道路，与种子
图形合并构成汉字"中"，体现出
有机产品植根中国，有机之路越
走越宽广。同时，处于平面的环形
又是英文字母"C"的变体，种子

图 5-3　中国有机产品标志

形状也是"O"的变形，意为"China Organic"。绿色代表环保、健康，
表示有机产品给人类的生态环境带来完美与协调。橘红色代表旺盛的生
命力，表示有机产品对可持续发展的作用（图 5-3）。

三、有机蔬菜认证

中绿华夏有机食品认证中心
（COFCC）是中国农业部推动有机
农业运动发展和从事有机食品认
证、管理专门机构，设计了自己的
标志（图 5-4），在国家工商行政
管理总局依法注册。有机食品标志
采用人手和叶片为创意元素。其图
形寓意有两种：一为一只手向上持
着一片绿叶，寓意人类对自然和生

图 5-4　有机食品标志

命的渴望；另一为两只手一上一下握在一起，将绿叶拟人化为自然的
手，寓意人类的生存离不开大自然，人与自然需要和谐美好的生存关
系。目前，经国家认定认可监督管理委员会批准开展有机食品认定的
机构有 20 多家。具体认定按中绿华夏有机食品认证中心（COFCC）规
定的认定程序办理。

第六节　农产品地理标志登记保护

一、农产品地理标志的概念

农产品地理标志是标示产品来源于特定地域，产品质量和相关特征主要取决于自然生态环境和历史人文因素，并以地域名称冠名的特有农产品标志。此处所称的农产品是指来源于农业产品的初级产品，即在农业活动中获得的植物、动物、微生物及其产品。

二、农产品地理标志的图案

农产品地理标志公共标识基本图案由中华人民共和国农业部中英文字样、农产品地理标地中英文字样、麦穗组成（图 5-5）。麦穗代表生命与农产品，同时从整体上看是一个地球共存的内涵。绿色象征绿色农业、绿色农产品，橙色寓意丰收和成熟。

图 5-5　农产品地理标志

三、农产品地理标志的登记

农产品地理标志登记管理是一项服务于广大农产品生产者的公益行为，具体由农业部农产品质量安全中心负责农产品地理标志登记审查、专家评审和对外公示工作。符合规定产地及生产规范要求的农产品可以依照《农产品地理标志管理办法》等有关行政法规申请使用农产品地理标志。

第六章 无公害蔬菜标准化生产

第一节 无公害蔬菜环境质量标准

无公害蔬菜产地环境应符合农业行业标准《农产品安全质量无公害蔬菜产地环境要求》(GB/T18407.1—2001)。该标准对影响无公害蔬菜的水、空气、土壤等环境条件按照现行国家标准的有关要求，结合无公害蔬菜的实际做出了规定（见表6-1、表6-2、表6-3），为无公害蔬菜产地的选择提供了环境质量依据。

表6-1 无公害蔬菜灌溉水质指标

项 目	指 标(mg/L)
pH 值	5.5~8.5
氯化物	250
氰化物	0.5
氟化物	3.0
总汞	0.001
总铅	0.1
总砷	0.05
总镉	0.005
六价铬	0.1

表 6-2　无公害蔬菜生产基地环境质量指标

项　目	日平均浓度	任何一次实测浓度	单　位
总悬浮颗粒物	0.30		mg/m³（标准状态）
二氧化硫	0.15	0.50	
氮氧化物	0.10	0.15	
铅	1.50		μg/m³（标准状态）
氟化物	5.0		μg/（m²·d）

表 6-3　无公害蔬菜生产基地土壤环境质量指标

项　目	指　标（mg/kg）		
pH 值	<6.5	6.5~7.5	>7.5
镉	0.30	0.30	0.60
汞	0.30	0.50	1.0
砷	40	30	25
铅	250	300	350
铬	150	200	250
六六六	0.50		
滴滴涕	0.50		

第二节　无公害蔬菜生产的技术规范

一、无公害蔬菜生产规程

采用合理的农业生产技术措施，提高蔬菜抗逆性，减轻病虫害，减少农药施用量，是防止蔬菜污染的重要措施。

(一)因地制宜选用抗病品种和低富集硝酸盐的品种

尤其是对尚无有效防治方法的蔬菜病虫害，必须选用抗病虫品种。

(二)做好种子处理和苗床消毒工作

对靠种子、土壤传播的病害，要严格进行种子和苗床消毒，减少苗期病害，减少植株的用药量。

(三)适时播种

蔬菜播期与病虫害发生关系密切，要根据蔬菜的品种特性和当年的气候状况，选择适宜的播种期。

(四)培育壮苗

采用护根的营养钵、穴盘等方法育苗，及早炼苗，以减轻苗期病害，增强抗病力。适龄壮苗，带土移栽。

(五)实行轮作

合理安排品种布局，避免同种蔬菜连作，实行水平轮作或其他轮作方式，有条件的地区可采用水旱轮作。

(六)加强田间管理，改进栽培方式

垄沟栽培，避免田间积水，利于通风透光，降低植株间湿度，及时清除病、虫、残株，保持田园清洁。

(七)采用设施栽培的方式

通过大棚覆盖栽培，可以明显地减少降尘和酸性物的沉降，以减少棚内土壤中重金属的含量。

二、无公害蔬菜的病虫防治规程

(一)农药施用原则

一是选择效果好，对人、畜和天敌都无害或毒性极微的生物农药或生化制剂；二是选择杀虫活性高，对人畜毒性极低的特异性昆虫生长调节剂；三是选择高效低毒、低残留的农药，自觉杜绝禁用农药；四是严格控制施药时间，在采收前保证施用农药。一般收获前禁用农药期限为：叶菜 7~12 天、茄果类蔬菜 3~7 天、瓜类蔬菜 3~5 天。

(二)无公害蔬菜生产农药使用安全标准

根据国家标准 GB4285—1989 规定执行。无公害蔬菜生产农药安全使用标准见附表1。

(三)无公害蔬菜生产上严禁使用的农药

根据有关规定,目前无公害蔬菜生产上严禁使用的农药见附表2。

三、无公害蔬菜施肥技术规程

无公害蔬菜生产要求商品蔬菜硝酸盐含量不超过标准。生产中氮肥施用量过高,有机肥施用偏少,磷、钾肥搭配不合理均会造成蔬菜硝酸盐含量超标。合理的施肥技术能够降低蔬菜硝酸盐含量,完全能够达到无公害蔬菜标准。其措施如下:

(一)合理施用有机肥

土壤保持疏松、肥沃是减少病虫害、获得高产和优质产品的技术关键。近年来,化肥的长期大量使用,致使土壤中残留大量酸性物质,引起土壤板结酸化、作物抗逆性下降、病虫害严重、品质变劣。生产实践证明,最有效的措施是增施有机肥,改善土壤的物理性状、团粒结构和有效成分,获得高产、稳产和安全、优质的产品。

1.农家肥料

农家肥料指含有大量的生物物质、动植物残体、排泄物和生物等物质的肥料。主要有堆肥、沤肥、厩肥、绿肥、作物秸秆和饼肥等。

2.商品肥料

商品肥料主要有商品有机肥、腐殖酸类肥、微生物肥料、有机复合肥、无机(矿质)肥和叶面肥等。

3.无机化肥

必须与有机肥配合施用。

4.城市垃圾

需经无害化处理,质量达国家标准后,才能限量施用。

(二)科学施用化肥

在无公害蔬菜生产中,除大力提倡增施有机肥外,必须科学施用化肥，根据作物需肥量，实行氮、磷、钾配方施肥。

(三)采用先进的施肥方法

化肥深施，既可减少肥料与空气接触，防止氮素的挥发，又可减少氨离子被氧化成硝酸根离子，降低对蔬菜的污染。根系深和易挥发的肥料宜适当深施。

(四)掌握适当的施肥时间 (期)

在商品菜临采收时，不能施用各种肥料。尤其是直接食用的叶类蔬菜，更要防止化肥和微生物的污染。最后一次追肥必须在收获前30天进行。

四、无公害蔬菜产品包装、标签标志、运输、贮存规程

(一)包装

无公害蔬菜的包装采用符合食品卫生标准的包装材料。

(二)标签标志

无公害蔬菜的标签标识应标明产品名称、产地、采摘日期或包装日期、保存期、生产单位或经销单位。经认可的无公害蔬菜应在产品或包装上张贴无公害蔬菜标志。

(三)运输

无公害蔬菜的运输应采用无污染的交通运输工具，不得与其他有毒有害物品混装混运。

(四)贮存

贮存场所应清洁卫生，不得与有毒有害物品混放混存。

第三节　无公害蔬菜产品安全质量标准

无公害蔬菜产品安全质量标准执行国家标准(《GB18406.1—2001农产品安全质量无公害蔬菜安全要求》)，该标准对无公害蔬菜中重金属、亚硝酸盐和农药残留给出了限量要求和试验方法。

一、重金属及有害物质限量

无公害蔬菜的重金属及有害物质限量应符合表 6-4 规定。

表 6-4 无公害蔬菜重金属及有害物质限量

项　　目	指　　标(mg/kg)
铬(以 Cr 计)	≤0.5
镉(以 Cd 计)	≤0.05
汞(以 Hg 计)	≤0.01
砷(以 As 计)	≤0.5
铅(以 Pb 计)	≤0.2
氟(以 F 计)	≤1.0
亚硝酸盐($NaNO_2$)	≤4.0
硝酸盐	≤600(瓜果类)　≤1200(根茎类)　≤3000(叶菜类)

二、农药最大残留限量

无公害蔬菜的农药最大残留应符合附表 3 之规定。

第七章　有机蔬菜生产基础知识及质量管理

第一节　有机蔬菜的生产要求

有机蔬菜是根据有机农业的生产原则，结合蔬菜种植的自身特点，强调因地制宜的耕作原则，适应人们对蔬菜消费多样化、优质化和安全化的要求而发展起来的。目前，有机蔬菜越来越受到消费者青睐，成为农民增收的新亮点。

一、有机蔬菜生产基地的基本要求

有机蔬菜的生产要求以安全、自然的方式，促进和维持生态平衡，强调生产基地的蔬菜生产与生态环境绿色和谐。因此，选择好有机蔬菜生产基地，是有机蔬菜生产最重要、最基础的工作。

(一)有机蔬菜生产选址应考虑的因素

1.有机蔬菜基地的生产环境要符合有机蔬菜生产的要求，即按照国家 GB 15618—2008《土壤环境质量标准》，土壤至少达到二级标准。

2.灌溉水是深井地下水或者湖水、江河水、水库等清洁水源，其水质要符合灌溉水的标准。河流的上游应无排放有毒、有害物质的工厂。

3.菜园距交通主干线 100 m 以上，防止汽车尾气、尘土等的污染。

4.土壤长期未施用含有有毒有害物质的工业废渣等物质，周围没有金属或非金属来源，没有化肥、农药、重金属污染。

5.土壤具有较高的土壤肥力和丰富的有机肥源。

6.空气清新，特别是上风口没有明显的或潜在的有害气体排放，空气质量应符合 GB 3095—2012《环境空气质量标准》。

(二)有机蔬菜生产基地的基本要求

1.有明显隔离带

有机蔬菜生产基地须有较大块完整的土地，边界清晰，与有机转换地块、常规地块交界处必须有明显标记，如河流、山川或人为设置的隔离带等。

2.安排转换期

有机农业转换是在一定的时间范围内，通过实施各种有机农业生产技术，使土地全部达到有机农业生产标准的要求。对于一年生的蔬菜，由常规生产系统向有机生产转换通常需要 2 年；多年生蔬菜转换需要 3 年。但在转换期内，如果没有达到有机蔬菜转换的标准，将要延长转换时间。转换期的开始时间从向认证机构申请认证之日起计算。生产者在转换期间必须完全按有机生产要求操作，经 1 年有机转换后的田块生长的蔬菜，可以作为有机转换作物销售。

3.建立缓冲带

缓冲带是指有机地块与常规地块之间设置的、用来限制和阻挡邻近常规田块使用物质飘移的过渡区域。缓冲带可以保证有机地块不受污染，也可以作为有机地块的标识物，还可以减少病虫害的进入。缓冲带可以是一片耕地、一条河流、一片荒地。通常缓冲带种植高秆作物、农田林网以及诱集、趋避作物来防止邻近常规地块使用物质的飘移。

4.建立天敌栖息地

在有机蔬菜生产区域周边设置天敌的栖息地，提供天敌活动、产卵和寄居的场所，提高生物多样性和自然控制能力。杂草应随时清除，以减少病虫媒介及杂草种子的传播。也可在周围地面喷施酸度为 4%～10% 的食用醋，既可以消除杂草，又可对土壤消毒，在杂草处于幼苗期喷施效果最好。

(三)对有机蔬菜基地的环境要求

有机蔬菜生产必须在环境空气质量、农田灌溉水质、土壤环境质量达到国家有机蔬菜生产要求条件下进行。

1.土壤

土地肥沃、土壤耕性良好，符合《环境质量标准》(GB 15618—2008)，土壤至少达到二级标准。

2.灌溉水

有机蔬菜生产的灌溉必须符合《农田灌溉水质标准》(GB 5084—2005)国家质量标准。

3.空气

基地周围不得有大气污染源，符合 GB 3095—2012 二级标准。

二、有机蔬菜对种子和种苗的基本要求

(一)有机蔬菜对种子、种苗的基本要求

按照有机食品标准（GB/T19630.1—2011）的要求，有机蔬菜应选择有机蔬菜种子和种苗。但市场上无法获得有机种子或种苗时，可以选用未经禁用物质处理过（如种子包衣）的常规种子和种苗，但应制订获得有机种子和种苗的计划。

(二)有机蔬菜种子、种苗的购买

有机农场大批量购买蔬菜种子、种苗时，首先要对有机种子、种苗生产企业进行考察，了解企业是否有有机种子、种苗生产许可证，是否按有机种子、种苗生产的基本要求进行生产，明确品种、规格等要求。大批量购买种子时还应做种子发芽实验，完全符合要求和条件后由生产技术人员按照种植计划确定所需品种和数量，提前向种子、种苗提供企业申购，签订规范的采购合同，约定价格、数量、品种、规格、交货日期及合同履行、违约责任等事项。小批量购买时应选择蔬菜科研院所以及登记注册的种子公司培育、生产销售的有包装的蔬菜种子、种苗。依据《种子法》的有关规定，包装袋须明确标有地方

种子生产经营许可证号和地方种子检疫合格证号，以及品种特性、栽培要点、种子质量和种子公司地址及联系方式。购买时应认真核对，并索要发票等手续和资料，以免上当受骗和追责。

(三)有机蔬菜育苗的基本方式

有机蔬菜育苗应采用棚室育苗、嫁接育苗、无土育苗和工厂化育苗等有机育苗方式，培育健苗、壮苗和无病虫苗。育苗的基质要符合有机蔬菜对土壤培肥的肥料要求，根据当地的条件选择无病虫源的田土、腐熟的农家肥、草炭等，按一定比例配制营养土，孔隙度大约60%，pH 值为6~7，速效磷 100 mg/kg 以上，速效钾 100 mg/kg 以上，速效氮 150 mg/kg。在育苗的过程中要注意基质疏松、保水、保肥和营养全面。

(四)培育有机壮苗的具体措施

1.种子消毒

有机蔬菜种植同样需要种子生产有机化，除要求在种子生产田中完全采用有机栽培技术外，还包括在种子消毒中完全采用有机处理方法，不能采用药剂消毒。目前对种子实施有机处理方法有多种，其中最主要有以下几种方法：

(1)晒种

在播种前，选择晴天将蔬菜种子晒 2~3 天，利用阳光杀灭附着在种子表面的病菌，减少发病。

(2)干热处理

对于水分含量较低的种子（如瓜类蔬菜），在 70 ℃恒温处理 72 h。这种方法对病毒、细菌、真菌都有良好的杀菌效果，对虫卵也有良好的杀灭作用。

(3)温汤浸种

先将种子在冷水中浸泡 24 h，之后在 40~45 ℃的温水中浸 5 min，再移入 54 ℃的温水中浸 10 min，以后将水温维持在 15 ℃左右浸至吸水达饱和。温汤浸种能够杀死恶苗病、干尖线虫病等病菌。

2.浸种催芽

首先要精选种子，剔除破损、腐败、瘪粒和虫咬的种子，浸种时要注意掌握水温和浸泡时间。催芽温度一般在25~30 ℃较为适宜。催芽过程中，每天须检查1~2次，并翻动种子，以利空气流动，使之受热均匀。一般每天用温清水淘洗一次种子，把黏液搓洗干净，可起到换气、补充水分等作用，以免影响种子发芽或发生烂种。

3.播种及苗期管理

有机蔬菜播种育苗提倡采用穴盘育苗，可较好地保护根系，提高移栽后的成活率，减少病害的交叉感染和发生。

(1)准备基质

基质的主要成分为泥炭、腐熟有机质、蛭石、珍珠岩等。目前可从市场购买专门用于有机蔬菜生产的育苗基质。若购买困难，可自己配制，要确保不含有机蔬菜禁止使用的化学肥料和消毒药剂。

(2)基质装盘

调节基质含水量至35%~40%，即用手紧握基质，可成型但不形成水滴。然后将基质装入穴盘，装盘后每个格室应清晰可见。

(3)播种

将装满基质的穴盘3~4个叠在一块进行压穴。压穴后每穴播种1~2粒种子，深度0.5~2 cm。播种后再覆盖一层基质，使基质与穴盘格室相平。盖种后喷水至穴盘底空渗出水滴为宜。

(4)苗期管理

苗期要加强温度和水分管理，其管理措施和普通育苗管理技术相同，可参照执行。

三、有机蔬菜灌溉用水的基本要求

有机蔬菜不同于一般蔬菜，对灌溉用水的质量要求比较严格，即必须符合《GB 5084—2005农田灌溉水质标准》的要求。生产上要求远离废水，保证有清洁的灌溉水源和良好的排灌条件，灌溉水质量稳定达标。如井泉、湖泊、水库、地下水、河流及城市供水等用作有机蔬菜灌溉用水，必须达到《农田灌溉水质标准》要求，输水途中无污染。

四、有机蔬菜对肥料的基本要求

有机蔬菜对肥料的施用有严格的限制，在蔬菜的整个生育期，禁止施用人工合成的化学肥料、生长调节剂和基因工程生物及产物。有机蔬菜种植的土地在施用肥料时，以有机肥为主，辅以生物肥料，并适当种植绿肥作物尤其是豆科绿肥培肥土壤。应做到种菜与培肥地力同步进行，建立平衡健康的土壤生态系统。通过施用有机肥使土壤肥沃，使大量的微生物增殖，通过土壤微生物的作用供给蔬菜养分，让蔬菜健康生长。因此，有机蔬菜的生产，如何进行科学合理的施肥是一个至关重要的问题。

(一)有机蔬菜施肥的原则

1.营养平衡原则

目前已知的作物生长发育必需的营养元素有16种，分为大量元素和微量元素。植物正常的代谢要求各种营养元素含量相对平衡，不平衡就会导致代谢混乱，出现生理障碍。当缺乏某种营养元素达到一定程度时，就会在外观上表现出一定的症状；反之，如果过剩也会产生特定的症状，出现不同程度的病态特征，称生理病害，影响产量和品质。

2.综合效应原则

蔬菜的生长发育必须有适宜的环境条件，如光照、温度、空气、养分和水分等。此外，还必须选择适宜的品种，采取相应的耕作、栽培、田间管理和植物保护等措施。有机蔬菜生产取得丰产是以上因素共同作用的结果，施肥只是其中的一项技术措施。

3.科学培肥原则

有机蔬菜生产土壤培肥是生产中的关键技术，施肥要做到蔬菜生产与培肥地力同步进行。土壤培肥的主要措施有增施有机肥料、因地种菜、合理轮作和深耕改土等。

4.安全施肥原则

为保障有机蔬菜高质量、高品质，安全施肥是必须坚持的原则。一是可合理适量施用有机肥，避免过量施用造成环境污染；二是不在叶菜类蔬菜、块茎类蔬菜和块根类蔬菜上施用人粪尿，在其他蔬菜作物上用时，应进行充分腐熟和无害化处理，并不得与蔬菜的食用部分接触；三是矿物质肥料要施用溶解性小的天然矿物肥料，如磷矿石、钾矿石、石灰、珍珠岩等。

(二)有机蔬菜生产中允许使用的肥料

在有机蔬菜生产中，对肥料种类的选择要求有机化、多元化、无害化和低成本化。有机蔬菜种植中允许使用的肥料主要有以下几种。

1.农家肥

农家肥是有机农业生产的基础，常见的农家肥主要包括堆沤类肥料、厩肥、沼气肥、作物秸秆、饼肥和泥肥等6种。有机农业生产中对农家肥的堆积或沤制发酵腐熟、施用时间和方法都有相应的要求，应严格遵守执行。

2.生物菌肥

生物菌肥是依靠大量的有益微生物的生命活动，使作物得到特定肥料效应的一种制品。如根瘤菌肥料、固氮菌肥料等，为农作物提供氮、磷、钾等营养元素，改善土壤养分供应状况，提高蔬菜的产品质量，并具有抗病抗逆性。生物肥料中，禁止使用基因工程菌剂。

3.绿肥

绿肥主要种类有草木樨、紫云英、紫花苜蓿等，种植绿肥可以增加氮素和有机质含量，富集和转化土壤养分，改善土壤理化性能，加速土壤的熟化。

4.有机复合肥

有机复合肥应使用通过有机认证机构认证的有机专用肥和部分微生物肥料。有机专用肥，肥效稳定，增加产量，减少农田污染，还可以使农田有机质得到一定的补偿。

5.有机矿物质肥料

有机矿物质肥料主要包括钾矿粉、磷矿粉、镁矿粉、硼酸岩、石灰、石膏、氯化钙、动植物废弃物及残质、垃圾、泥炭等。

6.其他有机生产产生的废料

其他有机生产产生的废料有骨粉、氨基酸残渣、家畜加工废料、糖厂废料、蚯蚓培养基质等。

五、有机蔬菜病虫草害的防治原则与主要方法

(一)有机蔬菜病虫草害防治的基本原则

"预防为主,综合防治"是有机蔬菜生产病虫草害防治的基本原则。预防为主就是在病虫草害发生之前或初发阶段采取措施,严格控制其发生和危害。综合防治就是从农业生产全局和农业生态系统的总体观点出发,以预防为主,综合各种手段(因素),创造不利于病虫草害发生、有利于作物及有益生物生长繁殖的环境条件,实现农业的可持续发展。

1.病害防治的原则

(1)非侵染性病害

非侵染性病害(生理性病害)是由不良环境条件诱发的蔬菜病害。防治措施为消除或降低不良环境条件的影响,或增强蔬菜对不良环境条件的抵抗能力。

(2)侵染性病害

侵染性病害是蔬菜在一定环境条件下受病原物侵染而发生的。防治原则是培育和选用抗病品种,或提高蔬菜对病害的抵抗力;防止或消灭病原物越冬或传入,切断其传播途径;通过栽培管理创造有利于蔬菜生长发育而不利于病原物生长发育和扩散的环境条件。

2.虫害防治的原则

防止外来新害虫的侵入,对本地害虫压低虫源基数,或采取有效

措施把害虫消灭于严重为害之前；培育和种植抗虫品种，调节蔬菜生育期，使其避开害虫为害盛期；改善菜田生态系统，改变菜田生物群落，恶化害虫的生活环境。

3.草害防治的原则

有机蔬菜的生产过程中禁止使用任何除草剂，除草以农业方法和物理方法为主。可使用有色地膜覆盖，创造不利杂草种子萌发的条件；蔬菜生长过程中及时拔除杂草，或结合中耕铲除杂草。

(二)有机蔬菜病虫草害防治主要方法

1.植物检疫

植物检疫又称法规防治，是依据国家法规，对农作物及其产品，特别是种子和苗木的调运进行检疫和管理，防止危险性病、虫、杂草人为地传播蔓延，确保农业生产安全的一项重要措施，是有害生物综合治理管理体系最根本性的预防措施。

2.农业防治措施

农业防治措施又称环境管理或栽培措施，就是在分析植物、病虫草、环境之间相互关系的基础上，运用各种农业调控措施，创造有利于蔬菜作物生长发育、不利于病虫草害发生和为害的条件，从而避免病虫草害的发生或减轻为害，提高植物抗性和自然调控能力，是有机蔬菜生产中病虫草害防治的根本措施。

(1)封闭管理

有机蔬菜生产基地应利用缓冲带和物理障碍物实行相对封闭管理，禁止非生产人员、车辆和物资等进入有机蔬菜基地生产单元，必须进入的严格进行消毒处理。有机蔬菜生产基地使用的农机具、原材料、生产设施等专管专用，避免用于非有机生产或被禁用物质污染。

(2)选用抗病虫品种，对种子、种苗进行消毒处理

选用抗病、抗虫、抗逆且适宜有机蔬菜基地土壤和环境条件种植的蔬菜种类和有机蔬菜种子、种苗，播种前应按相应要求进行消毒处

理，抑制或杀死病原物或害虫。

(3)合理轮作倒茬

轮作是在同一块田地上有顺序地在季节间和年度间轮换种植不同作物或复种组合的种植模式。合理轮作可打破病虫的发生周期，阻止杂草的滋生，调节土壤肥力，又能使病虫草迁移或扩散能力弱、寄主范围狭窄、环境要求特殊的有害生物因环境条件恶化而受到抑制。对于土传性病害，不能用病原物的寄主作物来轮作。

(4)合理间（套）作

合理间（套）作是2种或2种以上作物隔行或隔株有规则种植的种植制度。生产中常利用作物生长"时间差"，以利于蔬菜生长但不利于病虫害发生的季节间（套）作；利用生长"空间差"，选用不同高低、株型、根系深浅的植物进行间（套）作；利用病虫发生条件的"生态差"，综合应用土壤植物微生物，选择适宜作物间（套）作。

(5)搞好田园卫生

许多病原物可以在田间遗留的病株残体上越冬和越夏，可通过清洁田园、中耕除草、深耕灭茬、消灭病虫来源，摘除发病植株的病叶、病果或拔除病株等措施，减少病害的侵染来源。

(6)建立平衡的生态体系

采取多种类蔬菜的复合种植，做到高矮、早晚熟、开花与不开花作物的复合型种植，从而收到预防和减少病虫害的效果；或根据有害生物的社会习性，种植诱集植物，集中消灭；或在有机生产基地的缓冲带提供天敌活动、产卵和寄居的场所。通过以上措施增加栽培植物的多样性，建立平衡的生态体系。

(7)其他措施

我国农耕文化源远流长，人民群众在长期的生产实践中形成了富有地方特色、行之有效的方法。如深翻、暴晒和改良土壤，秋冬深耕、春季顶凌覆盖地膜等，都能达到预防和防治病虫草害的效果。

2.物理防治

物理防治主要是利用热力或高能射线等抑制、钝化或杀死病原物、害虫和杂草种子，达到控制植物病害的目的。物理防治主要用于处理种子、苗木和土壤等，高能射线辐射大多用于处理贮藏的蔬菜。

(1)利用热处理防治病虫草害

①种苗热力处理

种子、种苗热处理的方法主要有温汤浸种和晒种等，在不影响生活力的情况下杀死其中的病原物或害虫。

②土壤热力处理

育苗床土壤可利用烘土、热水浇灌、土壤蒸汽、地热加温等处理，消灭土壤中的病原物及害虫。

③太阳能消毒

在作物采收后，结合整地施肥，深翻土壤让阳光暴晒，使土表温度上升至50℃以上，持续数天至数周，可以有效降低土壤中多种病原物或害虫种群数量和致病力。

(2)利用光处理防治病虫害

①灯光诱杀害虫

许多夜间活动的害虫都有趋光性，可以用灯光诱杀。如黑光灯诱杀可有效减少棉铃虫、甘蓝夜蛾、小地老虎等害虫；太阳能频振式杀虫灯可诱杀一些草蛉、姬蜂、瓢虫等天敌昆虫。

②日光杀虫灭菌

除阳光晒种灭杀种子表面黏附的病原菌和细菌外，还可利用某些病菌喜弱光、怕强光的特性，在病势发展时增加光照强度，抑制病害发生。如强光可抑制番茄灰霉病、黄瓜黑星病的发展。

③巧用遮阳网

使用遮阳网覆盖，对喜高温高湿的青枯病、绵疫病等病害有明显的抑制作用。利用银灰色或小于昆虫网孔的遮阳网，可以驱蚜，阻鸟、虫，减少害虫为害和虫传病毒病的发生。

(3)合理利用颜色

①黄板、蓝板

许多害虫对某些颜色具有趋向性，有翅蚜、白粉虱、叶潜蝇等对黄色具有很强的趋向性，蓟马等对蓝色具有趋向性，可据此有针对性地在菜田悬挂涂有黏着剂的黄板、蓝板等，有效减轻其为害。

②银灰膜

蚜虫喜欢黄色却趋避银灰色，因此在地面铺用或菜株上部挂条、拉网，可有效防治蚜害，还可降低蚜传病毒病。

③多功能膜

多功能膜是在制膜过程中加入特殊助剂，使之具有特殊的防病、抑虫或除草作用。

(4)人工法防治病虫草害

①汰除法

对较大的种子可用汰除方法即手选清除带病菌或受害虫为害的籽粒以及混杂的菌核、虫瘿和一些杂草种子。田间初现病株时，可拔除病株。杂草长出后，及时人工拔草或机械中耕除草，控制草害发生。

②捕杀法

当害虫发生面积不大或发生初期，或不适用其他措施时，可根据害虫的生活习性进行捕杀。如老龄的地老虎幼虫为害时常把咬断的菜苗拖回土穴中，清晨可根据此现象扒土捕杀。

③诱杀法

常用的诱杀方法有糖醋诱杀、植物诱杀、性诱剂诱杀、陷阱诱捕法等。如许多夜蛾类害虫对某些含有酸甜气味的物质有着特别的喜好，可利用酸甜味的替代品做诱捕剂，聚而歼之。或利用性信息素挥发的气味干扰、迷惑雄虫，使它不能准确找到雌虫进行交尾，引诱捕杀雄虫。

④隔离法

在地（畦）面覆地膜，或地面覆草，或使用套袋等其他隔离措施，阻隔害虫为害，阻挡病原物扩散传播和杂草出土。如套袋可将果实与外界隔离，病害难以入侵，可以有效预防病虫害。

⑤人工除草

人工除草是通过人工拔除、割刈或锄草等措施来有效防治杂草的方法，也是一种最原始、最简便的除草方法。

3.生物防治

生物防治就是利用一种或多种生物降低有害生物的密度或活性的各种方法总称。农业生产中常通过栽培措施提高自然中有益微生物种群数量来实现，也可通过人工筛选和改良的生物防治微生物制成适当的剂型用于有害生物防治。

(1)真菌药剂

目前在生产上广泛应用的真菌有白僵菌、绿僵菌、虫霉菌、赤座霉、酵母菌及菌根真菌等。如绿僵菌复合剂可杀灭白蚁、蝗虫等害虫。这些生物防治药剂本身对环境无害、无残留等问题。

(2)细菌药剂

细菌主要有芽孢杆菌、假单胞杆菌等促进植物生长菌和巴氏杆菌等。如细菌杀虫剂苏云金芽孢杆菌能寄生于昆虫体内引起虫体发病，且该制剂对人、畜、作物和环境安全。

(3)放线菌药剂

放线菌主要有链霉菌及其变种产生的农用抗生素。如农用链霉素、武夷菌素、井冈霉素等已广泛用于农业生产。

(4)病毒药剂

病毒药剂包括病毒的弱毒株系，病毒的无致病力的突变菌株等。如棉铃虫核型多角体病毒已应用于农业生产。

(5)植物生长调节剂

该类型药剂可调节蔬菜的发育，促使蔬菜生长健壮，从而增强抗病力。

4.药剂防治

在应急的条件下，综合应用商品药剂防治是有机蔬菜病虫害防治的最后防线。有机蔬菜使用的商品药剂必须符合国家相关的法律法规和农药安全使用准则，可选择有机标准（GB19630—2011）中附录 B 中的物质。

第二节　有机蔬菜产品的采收与采后处理

一、有机蔬菜产品的采收

(一)采前准备

采前应根据蔬菜的种类、采收方法、时间、数量与贮运保鲜方法等，准备好足够的箱、筐、篮、袋、刀、剪及机械等采收与贮藏保鲜、运输时需用的物资和设备，并组织安排好劳动力；要对存放与采摘产品的容器和用具进行清洗或消毒，使之保持洁净；对采收与贮运保鲜人员应进行培训，使其掌握必需的采收与贮运保鲜技术等。

(二)有机蔬菜的采收标准

1.色泽

色泽是判断蔬菜产品成熟度的一个重要标志。许多蔬菜在成熟时果皮都会显现出特有的颜色变化，一般未成熟果实的果皮中含有大量的叶绿素，随着果实的成熟，叶绿素逐渐降解，类胡萝卜素、花青素等色素逐渐合成，使果实的颜色显现出来。

2.生长期

在不同的气候条件下，各种蔬菜都有一定的生长天数才能成熟。因此，可根据生长期来确定适宜采收的成熟度，这是生产中很重要的判定方法。

3.蔬菜生长状况

蔬菜产品成熟后，无论是其植株或是产品器官都会表现出该产品固有的形态特征，以此可以作为判别成熟度的指标。

4.硬度

硬度是很多蔬菜判定成熟度的重要标志，可根据果实硬度的变化程度来鉴定果实的成熟度。果实硬度常用果实硬度计测定。

5.化学物质含量

蔬菜产品在生长、成熟过程中，其主要的化学物质如糖、淀粉、有机酸、可溶性固形物等含量的变化与成熟度有关。

(三)采收方法及技术

1.有机蔬菜采收前的检查

原菜采收前须进行病害、虫害的检查，经田间督导确认合格后方可采收（极限值：①原菜无病害；②原菜虫子数量≤5 条/1000 kg）。对采摘所用刀具要进行检查，确认合格后方可使用（极限值：刀具无污染物）。

2.蔬菜的采收时间

上午 5：00—10：00、下午 15：00—17：00 采收。

3.发现异物的处理方法

在收割地及周边环境发现的异物必须及时清除，同时与装有原菜的周转筐隔离。

二、有机蔬菜采收后的处理方法

(一)有机蔬菜的整理和清洗

1.修整蔬菜

采收后应及时清理，除去蔬菜产品中非食用的部分和损伤、腐烂的部分，不同蔬菜修整感观有不同的要求。如香料类（葱、蒜、芹菜）不带泥沙、杂物，但可保留须根；块根（茎）类（姜、胡萝卜、白萝卜）去掉茎叶，不带泥沙，胡萝卜、白萝卜可留少量叶柄；叶菜类（白菜、茼蒿、生菜、菠菜、小白菜等）不带黄叶，不带根，去菜头或根；花菜类（菜花、西蓝花等）无根，可保留少量叶柄。

2.清洗

清洗掉蔬菜表面的泥土、杂物等污物，根据清洗设施的不同分为干洗和湿洗两种。干洗法是采用压缩空气或直接摩擦，达到蔬菜清洁的目的；湿洗是用水分洗净蔬菜表面的泥土、杂物、农药等。

(二)有机蔬菜的分级及标准

蔬菜产品一般在产地根据产品的品质、色泽、大小、成熟度、清洁度和损伤程度等进行分级。目前，全国尚无统一的分级标准，大部分是根据不同的消费习惯和市场需要自主确定。

1.质量分级装置

质量分级是根据蔬菜产品的质量进行分选，用被选产品的质量与预先设定的质量进行比较分级。质量分级装置有机械秤方式和电子秤方式。机械秤分级方式适合于球形产品。

2.形状分级装置

形状分级是按照蔬菜产品的形状、大小、长度等来分级，有机械式和电光式等类型。如电光式分级装置有的利用产品通过光电系统时的遮光，测其外径和大小，有的利用摄像机拍摄，经过计算机的图像处理，求出产品的面积、直径、高度等进行分级。

3.颜色分级装置

果实的成熟度可根据其表面反射的红色光和绿色光的相对强度进行判断。表面损伤的判断是将图像分割成若干个小单位，根据分割单位反射光强弱算出损伤面积。

(三)有机蔬菜的预冷

预冷就是通过人工制冷的方法迅速除去蔬菜采收后带有的大量田间热量，以延缓蔬菜的新陈代谢，保持新鲜状态的技术措施。如自然降温预冷和人工降温预冷。

1.自然降温预冷

自然降温预冷是选择阴凉通风的场地将蔬菜散开，或用通风良好的包装容器盛放，自然散去产品所带的田间热。此法不宜较长时间放置。

2.人工降温预冷

(1)水冷却

用冷水冲、淋产品，或者将产品浸在冷水中，适宜用冷水预冷的蔬菜主要是根菜类蔬菜和果菜类蔬菜，叶菜类蔬菜不适于此法。

(2)接触加冰预冷

接触加冰预冷是把细碎冰块或者冰盐混合物放在包装容器或车厢内蔬菜产品的顶部，以降低产品的温度，此法目前只适用于与冰接触不会产生损害的蔬菜，如菠菜、花椰菜和萝卜等。

(3)冷库预冷

冷库预冷是利用低温冷风进行预冷的方式。一般库内空气流速保持在 1~2 m/s，风不易过大，否则会造成新鲜蔬菜过分脱水。

(4)真空预冷

将蔬菜放在密封的容器内，迅速抽出容器内的空气，降低容器内的压力，使产品因表面水的蒸发而冷却。

(四)有机蔬菜产品的包装

有机蔬菜的包装对保证蔬菜商品的质量有重要的作用。合理的包装，可减轻贮运过程中的机械损伤，减少病害蔓延和水分蒸发，保证蔬菜产品质量，提高蔬菜产品的耐贮性。

1.有机蔬菜产品的包装要点

有机蔬菜产品的包装一般应遵循以下几点要求：一是蔬菜质量好，质量准确；二是尽可能使顾客能看清包装内部蔬菜的新鲜或鲜嫩程度；三是避免使用有色包装来混淆蔬菜本身的色泽；四是对一些稀有蔬菜应有营养价值和食用方法的说明。

2.有机蔬菜的包装材料

(1)包装容器的要求

包装容器应有足够的机械强度和一定的通透性、防潮性，无污染、无异味、无有害化学物质，内壁光滑、卫生，质量小，成本低，取材方便，便于回收及处理。包装外表应注明商标、品名、等级、质量、产地、特定标志、包装日期、生产日期及保存条件等。

(2)包装种类

包装大小依蔬菜种类、品种和装卸方式（人力或机械）而定。用于运输和贮藏的大件包装，常见的有木箱、瓦楞纸箱、塑料箱等。小包装便于保护产品和销售，常见的有密封包装、真空包装等。

(3)有机蔬菜的包装方式与要求

蔬菜包装前需经过修整，做到新鲜、清洁、无机械损伤、无病虫害、无腐烂、无畸形、无冻害、无水渍，参照国家或地区有关标准分等级进行包装。

(4)包装的堆码

有机蔬菜包装件堆码应该充分利用空间，垛要稳固，箱体间和垛间应留有空隙，便于通风散热。堆码方式应便于操作，垛高度应根据产品特性、包装容器的质量及堆码机械化程度确定。

(5)包装材料的卫生标准

包装材料应采用符合食品卫生标准的包装材料，应保持整洁、牢固、无污染、无异味、无腐烂、无霉变等现象。

(6)包装材料的标识

包装上应有标志标明产品名称、生产单位名称、详细地址、规格、净重和包装日期等。

(五)有机蔬菜的贮藏和运输

1.有机蔬菜的贮藏

贮藏蔬菜的方式多种多样，但主要都是利用低温来保存蔬菜。现有的贮藏方法基本上是自然降温贮藏和人工降温贮藏。

(1)常温贮藏

①堆藏

一般选择阴凉、干燥、通风良好的地方堆藏。贮藏时注意堆码方法，以利于通风散热，并检查和根据天气情况进行覆盖，防止积热、冷害、冻害。

②冻藏

冻藏就是蔬菜产品在冻结状态下贮藏，这种方法只适合于耐寒的菠菜、芫荽等。

(2)机械冷藏

机械冷藏的优点是不受外界环境的影响，可以终年维持库内需要的低温。冷库内的温度、相对湿度以及空气的流通都可以控制、调节，适于产品的贮藏。

(3)通风库贮藏

通风库应具有较好的隔热装置和灵敏的通风设备，操作也方便，一般是砖木或砖石等建造的永久性建筑物，使用年限长。通风库贮藏蔬菜，主要依靠通风控制库内温湿度。

(4)气调贮藏

气调贮藏大致可以分为自然降氧贮藏、人工气调贮藏和硅橡胶气调贮藏三类。气调贮藏结合冷藏，能够抑制蔬菜的呼吸强度和乙烯合成，延缓生理活动和传染性病害，延长贮藏保鲜期，被认为是现代化的贮藏方法。

2.有机蔬菜的运输

在发达国家蔬菜的流通早已实现了"冷链"流通系统，公路运输有冷藏汽车，铁路运输有机械冷藏车，海运有冷藏船，空运有冷藏箱，现在还有适于各种运输工具的冷藏集装箱，做到新鲜蔬菜一直保持在低温状态下运输。

附表 1　无公害蔬菜常用农药使用要求

农药名称	剂　型	防　治对　象	每666.7m² 每次制剂施用量或稀释倍数	每666.7m² 每次制剂最高施用量或稀释倍数	施药方法	每季作物最多使用次数	最后一次施药距收获的天数（安全间隔期）/d
敌百虫	90%固体	跳甲、黄守瓜等	50 g	100 g	喷雾	5	7
敌敌畏	80%乳油	跳甲、葱蝇等	100 mL	200 mL	喷雾	2	5
辛硫磷	50%乳油	跳甲等地下害虫	50 mL 500 mL	100 mL 750 mL	喷雾 灌根	2 1	6 10
氯氰菊酯	5%乳油	蚜虫、菜青虫等	40 mL	60 mL	喷雾	3	5
高效氯氰菊酯	4.5%乳油	小菜蛾、地老虎等	30 mL	45 mL	喷雾	3	5
溴氰菊酯（敌杀死）	2.5%乳油	蚜虫、菜青虫等	20 mL	40 mL	喷雾	3	2
氰戊菊酯（速灭杀丁）	20%乳油	蚜虫、菜青虫、小菜蛾等	15~25 mL	40 mL	喷雾	3	5
顺式氰戊菊酯（快杀敌）	10%乳油	蚜虫、小菜蛾、菜青虫等	5 mL	10 mL	喷雾	3	3
三氟氯氰菊酯（功夫菊酯）	2.5%乳油	蚜虫、菜青虫烟青虫、夜蛾科害虫	5000 倍液 3000 倍液	3000 倍液 1500 倍液	喷雾	2	7
吡虫啉	10%可湿性粉剂	蚜虫	10 g	20 g	喷雾	3	15
艾美乐	70%水分散粒剂	蚜虫	1.4 g	1.9 g	喷雾	3	7
毒死蜱	40%乳油	斑潜蝇、跳甲等地下害虫(葱蛆等)	1500 倍液 1000 倍液	1000 倍液	喷雾 灌根	3	7
锐劲特	5%悬浮剂	小菜蛾等	20 mL	40 mL	喷雾	3	7
农胜		小菜蛾、菜青虫、斜纹夜蛾豆野螟、烟青虫	30 g 2000 倍液 1500 倍液	60 g 1500 倍液 1000 倍液	喷雾	3	7
赛丹	35%乳油	蚜虫、蛾类和蝶类幼虫	50 mL	100 mL	喷雾	3	7
果满红	10%悬浮剂	螨类	2000 倍液	1000 倍液	喷雾	3	7
螨必治	30%乳油	跗线螨、蚜虫	4000 倍液	2000 倍液	喷雾	3	7
除虫净	22%乳油	夜蛾科、豆荚野螟、斑潜蝇、烟青虫	1200 倍液(或15 mL 兑 1 喷雾器水)	800 倍液	喷雾	3	7

续附表1

农药名称	剂型	防治对象	每666.7m²每次制剂施用量或稀释倍数	每666.7m²每次制剂最高施用量或稀释倍数	施药方法	每季作物最多使用次数	最后一次施药距收获的天数（安全间隔期）/d
净叶宝Ⅲ号（油酸烟碱·氯氰菊酯）	29%乳油	小菜蛾夜蛾科害虫、螨类害虫、斑潜蝇等	1500倍液1000倍液	1000倍液500倍液	喷雾	3	5
强龙	15%乳油	菜青虫、小菜蛾斑潜蝇、螨类	2000倍液1500倍液	1000倍液	喷雾	3	5
民丰一号	3%乳油	蚜虫、小菜蛾、菜青虫、跳甲等	3000倍液	2000倍液	喷雾	3	5
加德士敌死虫	99.1%机油乳剂	螨类、白粉病	400倍液	300倍液	喷雾	3	
辣椒卷叶灵	20%可湿性粉剂	螨类、病毒病	75 g	100 g	喷雾	2	5
梅塔	5%杀螺颗粒剂	蜗牛、蛞蝓、福寿螺等	150 g	200 g	撒施	2	
集琦虫螨克*	1.8%乳油	小菜蛾、螨类、斑潜蝇等	20 ml（5 ml兑1喷雾器水）	30 mL	喷雾	3	3
强敌312*	可湿性粉剂	小菜蛾、螨类等	1000倍液	500倍液	喷雾	3	3
虫除尽*	可湿性粉剂	夜蛾科、斑潜蝇等	1000倍液	800倍液	喷雾	3	5
科诺千胜*（Bt杀虫剂）	8000国际单位/mg	小菜蛾、烟青虫菜青虫	80 g50 g	100 g	喷雾	3	3
蔬丹*	1.5%可湿性粉剂	小菜蛾菜青虫斑潜蝇	40 g25 g200 g	50 g40 g300 g	喷雾	3	3
百菌清	75%可湿性粉剂	广谱性杀菌剂	145 g	270 g	喷雾	3	7
甲基硫菌灵（甲基托布津）	70%可湿性粉剂	广谱性杀菌剂	1500倍液	1000倍液	喷雾	3	5
多菌灵	50%可湿性粉剂	广谱杀菌剂	70 g	80 g	喷雾	2	5
三唑酮（粉锈宁）	25%可湿性粉剂	锈病、白锈病等	1500倍液	1000倍液	喷雾	2	3
新万生	80%可湿性粉剂	锈病、根腐、霜霉病、疫病等	800倍液	600倍液	喷雾	3	5

农药名称	剂　型	防　治对　象	每666.7m²每次制剂施用量或稀释倍数	每666.7m²每次制剂最高施用量或稀释倍数	施药方法	每季作物最多使用次数	最后一次施药距收获的天数（安全间隔期）/d
保泰生	70%可湿性粉剂	锈病、叶斑、霜霉、疫病、炭疽病等	900 倍液1000 倍液	800 倍液600 倍液	喷雾	3	5
好力克	43%悬浮剂	白粉病、锈病炭疽病、早疫病	6000 倍液4000 倍液	4000 倍液3000 倍液	喷雾	3	5
扑海因	50%可湿性粉剂	菌核病、灰霉病、番茄早疫病等	1500 倍液	1000 倍液	喷雾	2	7
灰霉净	25%可湿性粉剂	灰霉病、菌核病等	1000 倍液	800 倍液	喷雾	3	5
万霉灵	50%可湿性粉剂	灰霉病	600 倍液	500 倍液	喷雾	3	5
溶菌灵	50%可湿性粉剂	灰霉、霜霉、菌核病、疫病	800 倍液	600 倍液	喷雾	3	7
扑菌清	70%可湿性粉剂	灰霉、霜霉病、疫病、叶斑病	1500 倍液	1200 倍液	喷雾	3	14
瑞毒霉锰锌	58%可湿性粉剂	霜霉病、疫病等	70 g	120 g	喷雾	3	1
杀毒矾	64%可湿性粉剂	霜霉病、晚疫病、疫病、白锈病等	170 g	200 g	喷雾	3	3
百德富	70%可湿性粉剂	晚疫病、霜霉病、疫病等	100 g	150 g	喷雾	3	5
灭菌威（消菌灵）	50%水溶性粉剂	黑腐、软腐病、枯萎、青枯病	1000 倍液	500 倍液	喷雾	4	5
可杀得 2000	53.8%干悬浮剂	疫病、软腐病、霜霉、叶斑病	1200 倍液	1000 倍液	喷雾	3	3
施保功	50%可湿性粉剂	枯萎病、炭疽病等	25 g	50 g	喷雾	3	5
广枯灵	3%水剂	立枯病、枯萎病、黄萎病、要腐病、青枯病、晚疫病等	1000 倍液100 g 对水150 kg 浸种100 kg	500 倍液	喷雾种子处理	3	5
福美双	50%可湿性粉剂	立枯病	125 g/100 kg种子		拌种	1	

续附表1

农药名称	剂 型	防 治 对 象	每666.7m²每次制剂施用量或稀释倍数	每666.7m²每次制剂最高施用量或稀释倍数	施药方法	每季作物最多使用次数	最后一次施药距收获的天数(安全间隔期)/d
OS-施特灵*	0.5%水剂	青枯病、立枯病、疫病、病毒病	800倍液 300倍液	600倍液	喷雾 灌根	4	3
病毒A	20%可湿性粉剂	病毒病	600倍液	400倍液	喷雾	4	7
立枯净	50%可湿性粉剂	苗期病害、枯萎病等	2000倍液	1000倍液	喷雾	3	5
苗菌必克	30%可湿性粉剂	苗期立枯、猝病等	1000倍液 20 g拌种 6.5 kg	800倍液	喷雾 拌种	3	
农用链霉素*	72%可溶性粉剂	软腐病、青枯病等	4000倍液	3000倍液	喷雾	3	3
琥胶肥酸铜（DT杀菌剂）	30%悬浮剂	白粉病、细菌性病害等	150 mL	300 mL	喷雾	4	3
菜草通	33%乳油	除草(移栽前1~3天施药)	100 mL		喷雾	1	

注:有"*"号的农药为生物农药

附表2　无公害蔬菜生产上严禁使用的农药

蔬菜种类	严禁使用的农药品种
结球甘蓝、花椰菜、青花菜、韭菜、白菜	甲拌磷（3911）、治螟磷（苏化203）、对硫磷（1605）、甲基对硫磷（甲基1605）、内吸磷（1059）、杀螟威、久效磷、磷胺、甲胺磷、异丙磷、三硫磷、氧化乐果、磷化锌、磷化铝、甲基硫环磷、甲基异柳磷、氰化物、克百威、氟乙酰胺、砒霜、杀虫脒、西力生、赛力散、溃疡净、氯化苦、五氯酚、二溴氯丙烷、401、六六六、滴滴涕、氯丹等。
番茄、茄子、青椒	杀虫脒、氰化物、磷化铅、六六六、滴滴涕、氯丹、甲胺磷、甲拌磷（3911）、对硫磷（1605）、甲基对硫磷（甲基1605）、内吸磷（1059）、治螟磷（苏化203）、杀螟磷、磷胺、异丙磷、三硫磷、氧化乐果、磷化锌、克百威、水胺硫磷、久效磷、三氯杀螨醇、涕灭威、灭多威、氟乙酰胺、有机汞制剂、砷制剂、西力生、赛力散、溃疡净、五氯酚钠等。
菠菜	甲胺磷、甲基对硫磷、对硫磷、久效磷、磷胺、甲拌磷、甲基异柳磷、特丁硫磷、甲基硫环磷、治螟磷、内吸磷、克百威、涕灭威、灭线磷、硫环磷、蝇毒磷、地虫硫磷、氯唑磷、苯线磷、六六六、滴滴涕、毒杀芬、二溴氯丙烷、杀虫脒、二溴乙烷、除草醚、艾氏剂、狄氏剂、汞制剂、砷、铅类、敌枯双、氟乙酰胺、甘氟、毒鼠强、氟乙酸钠等。
芹菜、萝卜、胡萝卜	甲胺磷、甲基对硫磷、对硫磷、久效磷、磷胺、甲拌磷、甲基异柳磷、特丁硫磷、甲基硫环磷、治螟磷、内吸磷、克百威、涕灭威、灭线磷、硫环磷、蝇毒磷、地虫硫磷、氯唑磷、苯线磷、六六六、滴滴涕、毒杀芬、二溴氯丙烷、杀虫脒、二溴乙烷、除草醚、艾氏剂、狄氏剂、汞制剂、砷类、铅类、敌枯双、氟乙酰胺、甘氟、毒鼠强、氟乙酸钠、毒鼠硅等。
豇豆、菜豆、苦瓜、黄瓜	甲胺磷、甲基对硫磷、对硫磷、久效磷、磷胺、甲拌磷、甲基异柳磷、特丁硫磷、甲基硫环磷、治螟磷、克百威、内吸磷、涕灭威、灭线磷、硫环磷、蝇毒磷、地虫硫磷、氯唑磷、苯线磷等。

附表3 无公害蔬菜农药最大残留限量

通用名称	英文名称	商品名称	毒性	作物	最高残留限量 mg/kg
马拉硫磷	malathion	马拉松	低	蔬菜	不得检出
对硫磷	parathion	一六零五	高	蔬菜	不得检出
甲拌磷	phorate	三九一一	高	蔬菜	不得检出
甲胺磷	methamidophos	—	高	蔬菜	不得检出
久效磷	monocrotophos	纽瓦克	高	蔬菜	不得检出
氧化乐果	omethoate	—	高	蔬菜	不得检出
克百威	carbofuran	呋喃丹	高	蔬菜	不得检出
涕灭威	aldicarb	铁灭克	高	蔬菜	不得检出
六六六	BHC	—	高	蔬菜	0.2
滴滴涕	DDT	—	中	蔬菜	0.1
敌敌畏	dichlorvos	—	中	蔬菜	0.2
乐果	dimethoate	—	中	蔬菜	1.0
杀螟硫磷	fenitrothion	—	中	蔬菜	0.5
倍硫磷	fenthion	百治屠	中	蔬菜	0.05
辛硫磷	phoxim	肟硫磷	低	蔬菜	0.05
乙酰甲胺磷	acephate	高灭磷	低	蔬菜	0.2
二嗪磷	diazinon	二嗪农,地亚农	中	蔬菜	0.5
喹硫磷	quinalphos	爱卡士	中	蔬菜	0.2
敌百虫	trichlorphon	—	低	蔬菜	0.1
亚胺硫磷	phosmet	—	中	蔬菜	0.5
毒死蜱	chlorpyrifos	乐斯本	中	叶类菜	1.0
抗蚜威	pirimicarb	辟蚜雾	中	蔬菜	1.0
甲萘威	carbaryl	西维因,胺甲萘	中	蔬菜	2.0
二氯苯醚菊酯	permetthrin	氯菊酯,除虫精	低	蔬菜	1.0
溴氰菊酯	deltamethrin	敌杀死	中	果类菜 叶类菜	0.2 0.5
氯氰菊酯	neypermethri	灭百可,兴棉宝,塞波凯,安绿宝	中	番茄 叶类菜	0.5 1.0
氟氰戊菊酯	flucythrinate	保好鸿,氟氰菊酯	中	蔬菜	0.2

通用名称	英文名称	商品名称	毒性	作物	最高残留限量 mg/kg
顺式氯氰菊酯	alphacyperme-thrin	快杀敌,高效安绿宝,高效灭百可	中	黄瓜 叶类菜	0.2 1.0
联苯菊酯	biphenthrin	天王星	中	番茄	0.5
三氟氯氰菊酯	cyhalothrin	功夫	中	叶类菜	0.2
顺式氰戊菊酯	esfenvaerate	来福灵,双爱士	中	叶类菜	2.0
甲氰菊酯	fenpropathrin	灭扫利	中	叶类菜	0.5
氟胺氰菊酯	fluvalinate	马扑立克	中	蔬菜	1.0
三唑酮	triadimefon	粉锈宁,百理通	低	蔬菜	0.2
多菌灵	carbendazim	苯并咪唑 44 号	低	蔬菜	0.5
百菌清	chlorothalonil Danconi	12787	低	蔬菜	1.0
噻嗪酮	buprofezin	优乐得	低	蔬菜	0.3
五氯硝基苯	quintozene	—	低	蔬菜	0.2
除虫脲	diflubenzuron	敌灭灵	低	叶类菜	20.0
灭幼脲	–	灭幼脲三号	低	蔬菜	3.0

注:未列项目的农药残留限量标准各地区根据本地实际情况按有关规定执行

参 考 文 献

[1]张彦萍，胡瑞兰.莴苣、芽苗菜安全优质高效栽培技术 [M].北京：化学工业出版社，2013.

[2]刘海河，张彦萍.韭菜安全优质高效栽培技术 [M].北京：化学工业出版社，2013.

[3]张炎光，苗吉信，窦传峰.根菜类蔬菜最新栽培技术 [M].北京：中国农业出版社，2010.

[4]王迪轩，何永梅，李晓平.绿叶菜类蔬菜优质高效栽培技术问答 [M].北京：化学工业出版社，2014.

[5]高祥照，李贵宝，李新慧.化肥手册 [M].北京：中国农业出版社，2009.

[6]张保军.高原蔬菜种植技术 [M].兰州：甘肃科技出版社，2015.

[7]喻景权.蔬菜生长发育与品质调控理论与实践 [M].北京：科技出版社，2014.

[8]毛钟警，贺贵柏，温国泉.蔬菜生产技术 [M].北京：中国农业大学出版社，2014.

[9]孔新政，张芝富，沈玉英.蔬菜栽培 [M].北京：中国农业出版社，1999.

[10]李国利，盂自凤.农产品质量安全生产指南 [M].北京：中国农业科学技术出版社，2015.

[11]王迪轩，何永梅，王雅琴.有机生产技术与质量管理 [M].北京：化学工业出版社，2015.

[12]徐卫红，王宏信，马冠华，等.有机蔬菜栽培实用技术 [M].北京：化学工业出版社，2014.

[13]宋士清，连进华.蔬菜生产 [M].石家庄：河北科技出版社，2011.

[14]聂站声.高原蔬菜标准化生产技术 [M].兰州：甘肃科技出版社，2013.

[15]程伯瑛.蔬菜生理病害疑症识别与防治 [M].北京：金盾出版社，2012.

[16]逯文生，李文.渭河流域蔬菜高产高效栽培模式 [M].兰州：甘肃科出版社，2014.